优秀员工的工作笔记

项雨生 陈春曦 李继业◎著

以点滴观大海，萃取优秀职业精神

- 优秀员工的自我总结
- 职场精英的真情告白
- 晋职加薪的至圣法宝
- 成就自我的成长秘笈

中国言实出版社

图书在版编目(CIP)数据

优秀员工的工作笔记/项雨生,陈春曦,李继业著. — 北京:中国言实出版社,2012.11

ISBN 978-7-80250-788-3

Ⅰ. ①优… Ⅱ. ①项…②陈…③李… Ⅲ. ①成功心理－通俗读物 Ⅳ.①B848.4－49

中国版本图书馆 CIP 数据核字(2012)第 251110 号

出版发行　**中国言实出版社**
地　　址:北京市朝阳区北苑路 180 号加利大厦 5 号楼 105 室
邮　　编:100101
电　　话:64966714(发行部)　51147960(邮　购)
　　　　　64924853(总编室)　64963106(编辑中心)
网　　址:www.zgyscbs.cn
E-mail:zgyscbs@263.net
经　　销　新华书店
印　　刷　北京世纪雨田印刷有限公司
版　　次　2013 年 1 月第 1 版　2013 年 1 月第 1 次印刷
规　　格　710 毫米×1000 毫米　1/16　13.25 印张
字　　数　187 千字
定　　价　32.00 元　ISBN 978-7-80250-788-3

什么叫优秀？优秀就是出色，非常好的意思。优秀的员工就是出色的员工，是能够把工作做得非常好的员工。然而，优秀不是天生的，而是后天塑造出来的，是在工作中不断学习、不断实践，并通过不断地总结和提高才形成的。如果套用名人的一句名言，可以这样说：优秀的员工都是相似的，而不优秀的员工各有各的缺点。

首先，职场上的优秀员工都善于把握自己，认得清自己的位置，吃得透自己的能力，从不好高骛远，也不妄自菲薄，尤其能够正视自身的短处。人非圣贤，孰能无过？每一个人都不可能把生活当中的每一件事情做得十全十美。换句话说，人总有做错事情的时候，因而优秀的员工都能够像每天早上出门前对着镜子梳妆那样，及时地发现自己的缺点和不足，客观地评价自己。

其次，优秀的员工都能主动适应各种工作环境，迅速进入工作状态。机会来自主动，优秀源于用心。他们从不轻视自己的工作，从不回避工作难题，同时还懂得荣辱与共，懂得所有荣耀要与他人分享。

同时，优秀的员工更是勤于实践的楷模。他们明白学习的重要性，懂得实践出真知的道理。任何时候都不会夸夸其谈，而是踏踏实实地工作，而且像老板一样做事分主次、有条理。

另外，优秀的员工还善于处理复杂的人际关系，懂得人脉即财脉这个千古不变的大道理，无论是老板、同事或客户，都能和睦相处，共求发展；他们常常是管理时间的好手，善于利用时间，合理安排时间，更不会浪费时间；他们都十分理智，懂得自制，能够控制自己的情绪；他们都有良好的工作习惯和生活习惯；他们都忠诚敬业，像热爱生命一样热爱工作；他们个个都具有忧患意识，懂得职场的残酷与无情，因而努力提高自己，从不懈怠……

企业究竟是谁的？平庸的员工会说："企业是老板的，与我有什么关系？"优秀的员工则会肯定地回答："企业是老板的，也是我们的。"由此证明，只有以企业主人的心态对待公司，才会成为老板依赖的员工，老板乐于雇用的员工，才能成为优秀的员工。

企业渴求优秀员工，老板青睐优秀员工，每一个员工也希望成为优秀的员工。优秀员工是企业最大的财富，是老板最欣赏的人才，是员工最敬佩的楷模。

通过阅读本书，你会发现，这是一本优秀员工的工作笔记，也是职场成功人士的工作总结，更是那些期望自己成为优秀员工的人的工作指南。想成为优秀员工的读者，在阅读本书之后，一定能够找到适合自己的方法。如果灵活运用，发奋图强，有朝一日也能成为公司的中流砥柱。

目 录
Contents

第三章 勤于实践：掌握必要的工作技能

　　每一个优秀员工都明白,无论你从事什么职业,都要自己掌握一些必要的工作技能,在你主动提高自己的工作技能时,你更清楚,自己这样做并不是为了获得金钱上的报酬,而是为了使自己更长久地发展,是为了让自己能够胜任这个职位。而且,只有多掌握一些必要的劳动技能,才能在自己所选择的事业上有所成就,不断超越,最终成为一位杰出的人物。大凡那些有成就的人,他们离开办公室的时间都很晚,在工作时间之外努力训练自己的工作技能。这种额外的付出,让他们在工作中游刃有余,从容自若。

第四章 拓展人脉：让职场交往畅通无阻

　　人脉可以给一个人带来很多机遇,在当下,几乎没有人不知道人脉的潜台词就是财富。你的人脉好,你获得的信息就多,你拥有的发展平台就大,自然也就能拥有更多的机遇。虽然人脉不能当饭吃,也不能当钱花,但人脉中所潜在的力量却是巨大的。所以说,人脉是优秀的员工一生中最宝贵的无形资产,是让你职场交往畅通无阻最有力的保障。

第五章　合理安排：把时间用在刀刃上

　　时间管理能力已经成为单位衡量优秀员工的重要准则,得到了越来越多人的重视。要提高工作效率,必须保持精确的时间观念,要学会挤时间。我们常常能听到这样的抱怨:"我这么努力地工作,甚至忙得连喝水、上厕所的时间都没有,为什么我还是不能完成自己的工作?"这是因为他们偷懒吗? 是因为他们笨吗? 都不是,这主要是因为他们没有利用好自己的时间,没有把时间用在刀刃上,用在关键处。

第六章　情绪自控：灵活处理各种矛盾冲突

　　现代心理学认为,情绪是人心理健康的窗口。每个人都要管理好自己的情绪,即使他在最困难的时候。多半事业有成就的人,他的智力水平并不是占大部分因素,而他的情绪自控能力是制胜的最大因素。因此,优秀的员工都会激励自己愈挫愈勇,克制冲动延迟满足,调适情绪,避免因过度沮丧影响思考能力,设身处地为他人着想,对未来永远怀抱希望。他们不易与人起争执,在意见不一致的时候,仍表现良好的风度;情绪焦灼时,能化解困难,走出困境,使自己及周围的人都能快快乐乐地生活。

第七章 磨砺习惯：良好习惯是事业成功的前提

　　好习惯是职场中优秀员工的通行准则，职场成功的终身指南。行走于职场之中，要取得卓越的成就，成为同行中的精英，并非依靠多高的天赋才智，往往是因为，你比别人多了一些良好的习惯。通过培养好习惯，重塑自己，走向卓越，改变命运。

　　职场中，一个优秀的员工，技能固然重要，但良好的习惯更重要，一个有着良好习惯的员工，才能在职场挥洒自如，游刃有余。

第八章　爱岗敬业：像热爱生命一样热爱工作

任何一项事业背后，必然存在着一种无形的精神力量，这种力量就是敬业精神。敬业的前提条件是要热爱你的工作，要是你不喜欢也不热爱你的工作，在工作的时候没有饱满的激情，你的敬业精神也就无从谈起。而你一旦拥有热情，像热爱生命一样热爱工作，就可以创造出奇迹。生命因职业而具有意义，因工作而精彩，热爱工作其实也就是在热爱生命。

第九章　居安思危：职场危机意识无处不在

危机意识也是一种前瞻意识。居安思危，才能保持清醒头脑；未雨绸缪，才能防患于未然。自我陶醉，安于享乐，危险必然悄然降临。在职场，员工没有危机意识就会面临"杀机"，时刻保持危机意识才会迎来"生机"。在电影《2012》中我们看到，面对滔天巨浪的袭击，人类最终采取的就是登上预先制造好的巨大船舰得以生存——在职场生存法则中，我们同样需要为自己打造一艘诺亚方舟，以备职场求生之用。

附 录

第一章
认清自己：给自己准确定位

　　细碎的石子选择了高山，把自己的位置定格在高山脚下，铸成了一种巍峨；青翠的小草选择了原野，把自己的位置定格在荒原上，蔓延成了一种广阔；飘逸的白云选择了天空，把自己定格在蓝天，装点成了一种深邃。江河湖海，日月星辰，各自绕着自己的轨迹生息繁衍。职场中的优秀员工，都知道自己想干什么，能干什么，能干好什么，并为了自己的目标而努力。所以，认清自己，给自己准确定位，是迈入优秀者行列的第一步。

1

学会审视自我

苏格拉底曾经说过:"一个未经审视的人生,不算是真正的人生。"

相传,有一天中午,苏格拉底在太阳下拿着一根点着的蜡烛在大街上行走,好像在寻找什么东西。他的一个学生上前问道:"老师,你在找什么?"苏格拉底严肃而认真地说:"找自己。"

找自己,其实就是正确认识自己,找出不足,以便更好地管好自己。

"知人者智,自知者明",这一句至理名言,告诉了我们一定要正确地认识自我。还有一句意味深长的成语:"知己知彼,百战不殆",也阐明了要审视自我的重要性。由此可知,我们做任何事情的前提条件是要知己。所以说,学会审视自我是一个人成为一名优秀员工的重要标志。

正视自我,首先要做到能够正视自身的短处。人非圣贤,孰能无过?每一个人都不可能把生活当中的每一件事情做得十全十美,换句话说,人总有做错事情的时候,因此,我们要像每天早上出门前对着镜子梳妆那样,及时地发现自己的缺点和不足,客观地评价自己。

谭兵曾与一个同学因为一点点小事而吵架,关系闹得很僵。但是后来经过自己的反省,发觉是由于自己那天心情不好,所以才做错了事情伤害了同学。后来谭兵主动找机会去向人家赔礼道歉,结果他们和好如初。试想一下,如果那时候我没有认真地审视自己,及时发现事情发生的原因,相反,仍旧固执己见,或许可能他们早就已经形同陌路了。

现在认真想想,那只不过是一件非常小的事情,但是在漫长的人生道路上,不知道会有多少决定你一生命运的小事,需要我们通过认真的自我审视来进行决策。有一句哲言说得很好："人就好比是一个分数，他的实际才能就是分子，而他对自己的评价便是分母，此时，如果分母越大，分数值自然会越小。"

未来需要有智慧、有远见、有潜能、有毅力的人来创造，当然同样的，更需要具有能够审视自我、客观评价自我的能力以及习惯。如果一个人审视过自己过去然而却并没有什么新的收获的话，那可以说这次审视并不是发自于他的灵魂内心。事实上，一个人在审视完自我过后理应有更多、更新的收获，它们应当作为自己的一笔财富而被贮存起来。此外，审视过后随之而来的应该是全新的理想与目标……只有这样，人才能够不断地超越自己，不被时代所淘汰。

昔日老师曾向我们讲过这样一个故事：

古代有一人，想学立身的本领。经过反复比较，决心去学屠龙之技。他拜名师，日夜苦练，终有所成。老师讲完就问同学们结果会怎样，而同学们兴致勃勃，说他能成为英雄、明星，受世人崇拜。老师却摇摇头说："这个人一定会潦倒一生，因为世上根本就没有龙。"

可见，人生中的自负是最大的愚蠢，自负的人都是"游走于世界的屠龙者"，做着腰挎一把屠龙宝刀斩尽天下巨龙的美梦。而自卑者却是另一个反面，因为对自身能力缺乏客观认识，无论做什么事都像猴子看到了老虎，爬到树上瑟瑟发抖是唯一的选择。实际上，他可能最擅长做某件事，如能发挥全部潜能，不但游刃有余，还可能是个中翘楚。他不比任何人差，但自我宣判却是"我不如别人"。

所以说，自我审视是一种积极的自我超越，促使自己告别过去，不断提升强项，既避免眼高手低，也使自己绝不错过表现良机，完全释放内在能量。这样的人，做事踏实可靠，收放自如。这样的员工，在职场上也必定是优秀的员工。

某本书上记载了这样一个故事：

有人要烧壶开水，等生好火后发现柴不够，他该怎么办？有的人说赶快去找，有的人说去借、去买，但是有一位老人却说："为什么不把壶里的水倒掉一些？"

这个故事告诉我们，人在任何时候都要学会审视自我，正确地评估自我,有多大能力办多大的事,与其不切实际地妄想,不如退而求其次,依据自身实际,降低目标的高度。

人生,有时候只要退一步就成功了,很多人却拼命地向前挤。最终,退一步的人找到了前进之径,顽固向前挤的人挤得头破血流。前者能够及时看清自我,有一只眼睛始终是看向自己的,后者是不见棺材不掉泪的"顽固派"。

在职场中,一个善于审视自我的员工,总能为自己制定适宜的目标,将自身能量最大化释放,绝不会劳而无功,他们的生活一定是远离平庸和愚蠢的,他们一定能成为各企业里优秀的员工。

2

在工作中认识自己

在工作中认识自己很重要,不管是在平淡的工作中,还是在重要岗位上,我们都离不开"认真"二字,成大事者,都是从点点滴滴的事情做起。

著名主持人路一鸣就深深懂得认识自己的重要性。12岁那年,他还是一个清秀的小男孩,站在一大群评委中间,绘声绘色地讲着故事。那天,他成了沈阳赛区的"故事大王"。他第一次认识了自己:"我可以把故事说得更好!"

十年后,他站在全国名校辩论邀请赛的赛场上,时有精彩的句子从他的嘴里蹦出。那天,他拿到了全国"最佳辩手"的称号。他又一次认识到自己在语言上的天赋。

2002年,他站在中央电视台宽敞的演播室里,与参加《商界名家》《对话》栏目的嘉宾们谈笑自如。他说:"我想做一个最出色的主持人。"

"关键在于认识你自己。"他说这是他最喜欢的一句话,也是最值得人类思索的一句话，因为要完全做到认识你自己，是一件很难的事情。但是只有真正认识你自己了，你才知道你应该选择怎样的道路走下去，才能获得幸运和成功。

世界上没有两片完全相同的树叶，当然也没有两个人的生活、爱好是完全相同的。谁都需要有自己的生活。无论你是干什么的，是看大门、搞收发，还是做中层管理工作，不论职位高与低，都要找准自己的位置，所言所行与自己的位置相符相宜，并且让你的领导知道你、肯定你和认可你。

在一个单位或部门里工作，要找准自己的位置，并根据职位的轻重采取不同的处世方式。职位重要，一般说明你已得到了领导的器重，可以尽可能地在主管领导所辖范围内施展才干。如果职位较轻，则说明你尚未被领导重用，一言一行还须谨慎从事，一方面要尽力表现自己；另一方面要学会悠着点儿，别表现得过头而成为"出头的椽子"，那样可能会引来嫉妒和反感，使自己陷进人际关系的危机之中。

那么，究竟怎样做才算得体呢？至少应该把握住以下两点：

(1)自己工作要很称职。让单位里的主管领导知道你干什么，并对你有较高的评价。大多数人都认为，领导眼睛是亮的，如果表现好，工作好，迟早会传到领导耳中的。

(2)千万不可"才高震主"。你是否对你的顶头领导构成威胁？这种情况经常发生，如某个秘书或办事员，年轻聪明，能言善辩，在众人之中脱颖而出。他很有能力，工作起来似乎永不疲倦，可是，最后他发现自己所有的努力都遭到顶头领导的阻挠、破坏和打击。

现代生活忙碌紧张，我们已经很少有时间给自己反思的机会。可我们又不得不抽出时间来面对自己、认识自己。下面这个例子中的艾尔墨·惠勒，就遇到一位没有正确认识自己的人。这个人长时间地停滞不前，没有进步。

艾尔墨·惠勒曾受某公司之聘担任推销顾问，负责销售的经理让他注意一件非常有意思的事：有一位推销员，不管被公司派到什么地方，也不管给他定多少佣金，他平均每年所得总是挣够 5000 美元，不多也不少。

因为这个推销员在一个比较小的推销区干得不错，公司就派他到一个更大、更理想的地区。可是第二年他得的佣金数同在小区

域干的时候完全一样——5000美元。第三年公司提高了所有推销
员的佣金比例,但这位推销员还是只挣了5000美元。公司又派他
到一个最不理想的地方,他照样拿到5000美元。

　　惠勒跟这个推销员谈过话后发现,问题的症结不在于推销
区域,而在于他的自我评价。他认为自己是个"每年赚5000美
元"的人。有了这个概念之后,外在环境似乎对他的决定没有什
么影响了。他被派到不理想的地区时,他会为5000美元而努力
工作;被派到条件好的地区时,只要5000美元收入在望,他就用
各种借口停步不前了。有一次,目标达到之后,他就生了病,那
一年什么工作也没有再干。医生并没有找到生病的原因,而且
第二年一开始,他又奇迹般地恢复了健康。

这就是没有在工作中正确地认识自己导致的结果。那么,怎样才能
使我们意识到自己的独特性?要如何才能以更成熟的态度给自己定位?
这里有两点建议来帮助你改善自己:

(1)每天抽出一段时间独处,梳理自己杂乱的思想。

不同的人对同一件事情通常有不同的处理方法。有人喜欢在人群拥
挤的街道上,在熙熙攘攘的人群中沉思,这种方法,可以使人达到忘我的
境界,从而想出许多解决问题的方法来;有人喜欢接触大自然,或者到花
园里走走,或者只是坐在窗旁偶尔眺望窗外的蓝天或树木,让身心得到彻
底的放松;有些人也许比较喜欢静室独处,或用其他自我隔离的方式。

(2)打破习惯的束缚,对我们的生活同样的重要。

我们时常把自己束缚在习惯或习以为常的无聊事件里,以至于在里
面窒息还不自知。周围更有不少人几乎每天都在不断重复相同的行为,
生命也因此变得无聊、麻木、程序化而没有丝毫的波澜。

一名年轻妇女是这样打破习惯束缚的:

　　我和我先生都是电视迷,每天傍晚一下班回家,便立刻打开
电视,然后一面吃饭,一面看电视,直到该上床睡觉。我们很少
去拜访亲朋好友,或到外面去参加活动。假如有人来拜访,我们
也常常心不在焉,只盼望着来人快快离去,赶快回到电视机面
前,不要错过解开上集连续剧留下悬念的机会。后来,我发现自
己很难有话题再和老朋友谈到一起,他们所谈的话题我也常弄

不清楚。

事后,我和丈夫都觉得有必要把这个坏习惯改掉。我们便开始计划要如何去做。我们先报名参加某些成人教育的晚间课程,也开始偶尔去打保龄球;我们到朋友家拜访,或到图书馆借书来看,并念出来给大家听。目前我很高兴终于摆脱了坏习惯,我发现这无论是对自己、对工作或婚姻,都大有好处。我们的生活变得更丰富多彩,与他人的关系也变得更亲密、融洽起来。

智者苏格拉底认为:认识你自己是人生智慧的开端。世界上万物都有其固有的规律和方式,每件事物都在适合自己发展的轨道上发展、成长,人类也是如此,唯有充分地认识到自己,才能获得幸运的青睐。

3

审视自己的价值观

有一句话说得好:"成功的人并不是有什么特殊的天赋,他们与一般人唯一的不同——就是他们能坚持做自己不喜欢、不愿意做的事。"而他们坚持的理由就是他们的价值观。

价值观决定了什么对你最重要,什么对你不重要,什么是你最看重和最珍惜的,什么是你不屑一顾的。在日常工作和生活中,我们经常听到有人说:"我没有什么遗憾的,我问心无愧!"所谓问心无愧指的就是我做的事是我想做的,我按照自己既定的价值观、良知和理性去做了,我当然就不会感到愧疚和痛苦。也就是说,当我们做的符合自己的意志和价值观,我们就会心安理得,就会心情舒畅。为什么有的人得到了很多人没有得到的金钱、权力和荣誉之后,却感到很失落、很痛苦?毫无疑问,他们做了与自己内心深处的价值观不一致的事情,或者说他们在违心地工作或生活。

　　传统总是告诉我们:要做父母心目中的好孩子、孩子心目中的好父母、先生心目中的好妻子、妻子心目中的好先生;或主管心目中的好部属、部属心目中的好主管;以及兄姊心目中的好弟妹、弟妹心目中的好兄姊……然而试问:我们"自己"究竟在哪里? 不错,别人心目中的你,可以尽量去做,而且要做好;但千万可别忘了,也要做做自己心目中的自己,还要争取做好。

　　因为,一个人必须要经常审视自己的价值观,否则,生命中你连自己都做不了,你的人生还有什么意义?

　　假设有一天,你一个人开着一辆双人座的跑车行驶在郊外,发现不远的前方有三个人在向你招手:一个是身患重病的人,一个曾经是你的救命恩人,一个是你最爱的人,而你的车只能带走一个人,你会选择谁呢?

　　也许你会选择病人,也许会选择最爱的人,或者选择你的救命恩人。其实,无论你选择哪一个,都不存在对与错,因为你的选择是在一定的价值观的指导下做出的。

　　在现实社会里,我们经常可以看到,那些高情商的人总能快速地进行各种人生决策,这不是因为他们有什么特异功能,只是因为他们经常思考自己为人处世的基本原则,从而建立起自己稳定的人生价值系统,也就是价值观。所以,无论外部世界如何风云变幻,他们总是能够波澜不惊,从容应对。

　　也许,有不少人可能觉得价值观是抽象或者是行而上的看不见摸不着的东西。其实,价值观是一个很简单的哲学概念,就是你对周围的人和事的看法或观点,或者说,你认为什么是有意义和有价值的,是值得去追求和努力的;什么是没有意义和无价值的,不能也不值得去追求的。比如,孩子和父母的价值观是绝对不同的,孩子们会兴高采烈在海滩上捡贝壳,而父母会说:"将它们丢掉,你为什么要浪费时间?"但是对他们而言,那些贝壳非常漂亮。父母们在追逐金钱,而孩子们想要搜集蝴蝶,孩子们无法了解他们的父母为什么对金钱那么感兴趣:"你们要那么多钱干什么?"这就是价值观的差异。

　　任何活在世上的健全的人,都有特定的对人生价值的看法,有自己的人生价值观。一般来说,由于人们在社会实践中所处的地位不同,对问题的认识不同,由此形成不同的人生观。

如果你长久服务于某家公司或常在某人指挥下工作，你的价值观便会受到影响。如果你的价值观与老板有异，升迁就不容易；如果你跟公司的价值观（企业文化）不合，工作就很痛苦。

当我们追求的目标或自我的认定改变时，价值观也会改变。譬如说，如果你决心爬上公司的高阶职位，你的工作态度便会改变。当你坐上那个位置，对于公司许多事情的看法也不像先前一样。自己的价值观会因目标和身份的不同而有改变。这时你开的车子，去的地方，交的朋友，做的事情，都显示你的自我认定。

对同一件事，各人的价值观不尽相同。例如一位大老板开着一部小型车，并不是因为要省油，只不过是不想跟其他人一般见识；一位大富翁之所以不住豪华别墅而住不显眼的房子，也不表示吝啬而是为了不浪费空间。

世界上的名人、成功人士无一不是因为有了正确的人生价值观才成为名人或成功人士的。

本杰明·富兰克林是美国智慧和财富的化身。他少年时代只读了两年书，就去印刷厂当了学徒。然而，数年之后，这个印刷工人却成为了享誉世界的伟大的政治家、美国《独立宣言》的主要起草人。而且，他还揭开了雷电之谜，并发明了避雷针，被歌德称为"第二个普罗米修斯"，被后人颂为"电学中的牛顿"。他的商业才能使他积累了巨大的财富，并用自己的财富建立了美国第一个公共图书馆，创办了美国著名的宾夕法尼亚大学。

富兰克林一生最真实的写照，是他自己所说过的一句话："诚实和勤勉，应该成为你永久的伴侣。"而富兰克林著名的"十三个人生信条"以及终身恪守这些人生准则的毅力，则是这位伟人留给后人最宝贵的精神遗产：

1.节制：食不可过饱，饮不得过量。

2.缄默：避免无聊闲扯，言谈必须对人有益。

3.秩序：生活物品要放置有序，工作时间要合理安排。

4.决心：要做之事就下决心去做，决心做的事一定要完成。

5.节俭：不得浪费，任何花费都要有益，不论是于人于己。

6.勤勉：珍惜每一刻时间，去除一切不必要之举，勤做有益之事。

7. 真诚：不损害他人，不使用欺骗手段。考虑事情要公正合理，说话要依据真实情况。

8. 正义：不损人利己，履行应尽的义务。

9. 中庸：避免任何极端倾向，尽量克制报复心理。

10. 清洁：身体、衣着和居所要力求清洁。

11. 平静：戒除不必要的烦恼。也就是指那些琐事、常见的和不可避免的不顺利的事情。

12. 贞节：少行房事，决不使身体虚弱，生活贫乏，除非为了健康或后代的需要。不可损坏自己或他人的声誉或者安宁。

13. 谦逊：以耶稣和苏格拉底为榜样。

这就是富兰克林的价值观，正是因为他经常审视自己的这些价值观，才使他的一生变得伟大而卓越，幸运且成功。我们每一个职场中人，都应像富兰克林一样，经常审视自己的价值观，让自己变得卓越而优秀。

4

爱自己本来的样子

人在很多时候都对自己不自信，总是希望自己更有出息、更漂亮，因为他们不能爱自己本来的样子。其实，人是自然的一部分，何必每个人都要像松树或竹子一样那么青翠呢？杂树杂草相协调才美丽。

有一个童话故事，说的是孤单的国王厌倦了世俗、贪婪、抱怨的弄臣，决定领养几个孩子，无条件地爱他们，陪伴他们。计划被领养的孩子听到这个消息后，他们竭尽全力地准备礼物，想给国王留下一个好印象。

国王穿着便装来到这个小镇的时候，孩子们或者忙于绘画，或者忙于唱歌，有的去城里上学了，没有谁有时间和身着便装的国王说话。于是，孤单的国王就靠在墙上睡着了，等他睡醒之后，看到了一个善良、谦卑的小女孩，只有她有时间照顾他，陪伴他。

顺理成章，小女孩成了国王的孩子。国王对小女孩说："我爱你，就是爱你本来的样子。不需要你多么聪明，多么能干，只要你用本来的样子，把你的时间，你的爱，你的善良给我。"

这个童话故事告诉我们：人不仅要爱他人，同时也要爱自己，爱自己本来的样子，无所谓财富，无关地位、美貌，这些都不重要。只有你自己才是主体，其他的都只是你的附庸品。爱自己本来的样子，就是要爱那个真实的你，本来的你。喜欢你自己的声音、外貌、性格……因为这一切，是你的。

爱自己，找到自我存在的价值。

在爱情和婚姻里，有许多人几乎把自己的一切都给了对方，几乎牺牲了自己所有的爱好，而结果却未能如愿，没感受到幸运和快乐，为什么？因为只顾着爱对方，而忘了爱自己。把所有的时间、精力、关心和爱，统统献给对方。爱自己，保持自我本色，对保持身心健康来说是不可或缺的一部分，滋养感情的能量来源。

职场中曾有一位女孩，在爱情之路上走得小心谨慎，她接连"戒掉"了琼瑶片、韩剧、《康熙来了》和湖南卫视。直到有一天，她猛然发现家里的电视一直就固定在新闻频道，一时间心生凉意："我觉得好像把自己给丢了，整天忙着从细枝末节里揣测他的喜好，却忘了自己想要什么。"

付出很容易让人体验到神圣与伟大的感觉，很多时候我们都会为了让对方高兴而暂时委屈自己。遗憾的是，那些在爱情中迷失自我的人，却习惯于将这一命题硬生生地反向理解——只有我什么都为你做了，你才会爱我；如果我是我本来的样子，我就不值得被爱……

显然，这样做未必就能幸运地获得爱情。影视明星张艾嘉的自我改变经历对我们很有启发——

张艾嘉是被上帝垂青的幸运女人，才华兼备，美丽，气质高贵。不但是优秀的歌星、演员，还是出色的女性导演、编剧、制片。别人追逐一辈子而不可得的东西,她总是很容易地手到擒来。21岁便拿了金马奖最佳女配角奖,随后又两次荣获金马奖最佳女主角。但后来她做人比较低调,转入幕后,醉心于编剧、唱歌,一样的有声有色,风生水起。

她为什么会有如此的"改变"呢?

年轻时的张艾嘉,享受着自己被万众瞩目的荣耀。对她而言,恋情不像是感情,更像一件件璀璨夺目的首饰。她要让所有人知道张艾嘉所拥有的东西全部都是最好的,不管是婚姻还是后代。她恣意地享受着飞车劲舞的迷醉生活,她要万人景仰,她要高高在上。

让她做回平常人、具备平常心源于一次苦难。她的儿子在香港经济大萧条期间被匪徒绑票了。在警方帮助下,把险些被撕票的儿子救了回来。她的儿子因此得了自闭症。她开始学着用母爱的本能去和孩子共处,一切的一切都是为了让他高兴,由着他去做他想做的事情。

张艾嘉在传记里写道:"有一次在埃及,我们骑着一头骆驼,在金字塔前面端详狮身人面像,儿子坐在前面,靠在我怀里,骆驼脖子上的鬃毛蹭得他的小腿发痒,我让他将腿盘起来,半躺在我的怀里,左手帮他抚摸着蹭红的小腿,右手轻轻摸着他的头发。儿子忽然动了动,将脑袋往我的胸前挤了挤,梦呓般道:'妈妈,谢谢!'"

"我让他成为全校最优秀的学生,他没有谢谢我;我让他成为第一童星,他没有谢谢我;我倾家荡产去交赎金,他也没有谢谢我。可就在落日大漠里,靠在我怀里的时候,他那么由衷地感谢我。一句谢谢,顿时让我觉得所有的荣耀都无法与之相提并论。"

张艾嘉自此后内敛,沉稳,随遇而安。她找到了一个女子做母亲、做妻子、做平常人的平常心。她开始爱自己本来的样子,她也懂得了要让孩子也爱自己本来的样子。

"上帝把儿子还给我,我把自由还给儿子。"张艾嘉经历痛苦后,不再让儿子去做万众瞩目的明星,也放弃了对儿子的贵族培训计划。像普普通通的妈妈一样照顾着自己的儿子，只希望自己的儿子幸运和快乐。

世界上的爱广阔高深，只有证明自己够强、够好，才能得到别人的爱。

人生如此，爱情如此，职场又何尝不是如此？每一个员工都要懂得爱自己，欣赏自己。

5

适时欣赏自己

大千世界，芸芸众生。人们总是习惯于欣赏别的人和事，而且在望洋兴叹的感慨之中，有些人消极地自惭形秽，有些人盲目地东施效颦，却很少有人去欣赏自己。其实，不论自己长得美还是丑，也不论自己活得伟大还是渺小，都要欣赏自己！因为每一个人都是独特的，世间找不到完全相同的树叶，更不可能找到两个完全相同的人，每一个人都是一道独一无二的风景，都值得欣赏，值得流连，值得骄傲！

当然，欣赏自己绝非孤芳自赏，一个人不应该因为自己的默默无闻而烦恼自卑，看那春寒陡峭中的冰凌花，它从来不被人像牡丹那样受人宠爱，而它仍旧义无反顾地迎着寒风倔强地开放着。"人不知而不愠，不亦君子乎！"不卑不亢，落落大方，不是很好的做人风格吗？平凡是一种美，是一种永恒的美，只要活得有滋味，就不必太在意活着的方式。

只有学会欣赏自己，才会发现属于自己的美：

性格内向的人，拥有的是凝重和深刻；

宁折不弯的人，拥有的是豪迈和坚强；

饱经风霜的人，拥有的是忍耐和坦然；

历尽失败的人，拥有的是柔韧和毅力。

只要做了自己该做的事，走了自己该走的路，就会拥有别人所没有的东西,就会活出自己的模样。

不可否认,在职场上,人们承受的压力很大,有来自于生活的,也不乏工作的,多种压力下,使人们的思想很容易产生偏颇,有的甚至表现出力不从心,对自己工作抱着不求有功,只求无过的态度,对自己设立的目标感到茫然,有的干脆没有什么目标。有这样的想法显然是在多种压力下没有客观地分析自己,没有恰到好处地剖析自己的长处,也就是我们平常说的不会欣赏自己,看不到自己的长处在哪里,找不到闪光点,就无法给自己准确定位,也就把握不准向前的动力。因此,学会欣赏自己非常重要。

一位基层单位的修理工,由于他技术过硬,多年来经过他维修的车辆几十台,都是手到"病"除,年年高质量地完成车辆维修任务,深受领导和职工们的好评,人们给他一个车辆修理专家的称呼。就这样被大家公认的基层修理专家,当大家一致推荐他去参加更高一层技术修理比赛时,他显得很没有信心,底气不够,这种想法就是对自己欣赏不够的表现。

欣赏是挖掘人内在潜力的基础。人只有学会欣赏自己,才能更好地把握自己,也才能更好地找准立足点,客观地对自己做出评价,才能不偏离奋斗的航向,也才能更好地发挥自己的专长,在自己的工作岗位上有创新,有收获,只有在自己欣赏的前提下,才会得心应手地去工作,远景目标的实现也不会遥远。

平时在我们的生活圈子里,别人事业的成功、仕途的荣升、孩子高考取得了好成绩,都令我们眼前一亮,为他们喝彩,对他们产生无比的崇敬与欣赏,觉得他们是最幸福的人,习惯成自然地为他人喝彩,欣赏他人。而当事业前途一片迷茫时,或生意上一败涂地时,你是否心灰意冷,连死的心都有了? 这时你可曾给自己鼓足勇气:"没什么,以后会好的,别后悔,这只是上帝同你开了个玩笑,你行,你一定行!"越是在人生失意、事业不顺的情况下,自己一定要给自己打气,世上没有过不去的火焰山,没有趟不过去的河!

你要学会好好端详自己,欣赏自己,这时你会发现自己身上还有许多闪光的地方,只是平时你没有留意罢了。这时你会对自己进行重新估价,选择一条适于你发展的道路。俗话说得好,尺有所短,寸有所长,每个人身上都有自己的长处或闪光点，关键在于会不会欣赏，能不能发现。能欣赏自己，就会少一些抱怨，多几分洒脱，在豁达的心态中坦然走自己的路，会欣赏自己，就能扬起追求的风帆，驾驭希望之舟驶向理想的彼岸。

有个年轻人大学毕业后，被分配到某所中学任教，因口齿不清，被拒绝上讲台授课，他对自己的教书都失去了信心。一位前辈知道了这件事，就找他谈心，既然教不成书，何不搞科研？后来这位年轻老师在前辈的鼓励下，重新估量自己，觉得自己语言表达能力太差，但智商并不低，于是乎他决定搞科研项目，几年下去，成果不断，一举成名。

欣赏自己绝不是抬高自己，而是总结经验教训，客观公正地对自己进行检讨，找寻人生的突破口，才能跟上时代的步子。

尤其在职场上，我们必须要学会自己欣赏自己。发现你自己，你就是你。记住，地球上没有和你一样的人……在这个世界上，你是以你独特的存在。你只能以自己的方式生活。你是你的经验、你的环境、你的事业造就的你。不论好坏与否，你只能耕耘自己的小园地；只能在生命的乐章中奏出自己的发音符。学会欣赏自己的人是自信的人，欣赏自己的人是没有偶像的，因为人们对于偶像的感情只能是崇拜和羡慕，可是如果一个人太崇拜和羡慕一个人，这样也便失去了自我，很难挣脱。就像萤火虫从来就不崇拜和羡慕太阳一样。它只是欣赏自己和欣赏太阳，所以才能到了晚上放出自己不一样的光来。

当然，在工作中，每一个员工不仅要成为欣赏自己的人，还要带着同样欣赏的目光去欣赏别人，欣赏同事，欣赏老板，欣赏客户等，只是欣赏，而不是崇拜或者羡慕。于是，这样就很容易使别人的优点，变成自己的优点。只有自己不断欣赏自己，从中发现优点，改正缺点，在欣赏中不断充实自己，完善自己，提高自己，才能等到别人欣赏自己的一天，从而成为优秀的员工。

6

善于把握住自己

　　一个人生存在这个社会上,如果要求自己居住的地方和交往的朋友都是品行好的人,往往是不切实际的。善与恶本来就是相对存在的。孔子说:"见贤思齐焉,见不贤而内自省焉。"意思是说见到好人要想到向对方看齐,见到不好的人要想着自己有没有对方身上的缺点。也就是说,只要自己能把握住自己,那么"恶邻""损友"不但妨害不了自己,反而会为自己的进步提供一面镜子。另一方面,不好的邻居或朋友也能在好邻居、好朋友的示范和带动下有所进步。

　　人活着,确实得把握住自己,能不为外界的时髦和流行所左右,保持平常、平静、平稳的心态,坚定地走下去。但说说容易做起来难。

　　有一个在高校任教的研究生,在前些年一片"下海"声里,经不住诱惑,也稀里糊涂地"跳下水",公开招聘到一家新闻单位,虽说待遇高了,但有些大材小用,再加上不善于为人处世,与领导、同事关系紧张,觉得还是做学问合适,经过努力,考入国内一所重点大学读博士。

　　这位研究生放弃教书,没能充分地把握自己,经历了人生道路上的一段曲折与迷惘,后来迷途知返,重新把握住了自我,获得了成功。

　　把握自己首先得明白把握住一个什么样的自己。人有时生活得很盲目、很浮躁,只知道这个社会竞争很激烈,需要去奋斗,去搏击,但面对光怪陆离的诱惑,往往会身不由己地随波逐流,变得"我已然不再是我"。生活把我们每个人都卷进了生存竞争的大潮,只是有些人站在浪尖上领导时代新潮流,有些人则是被潮水推着不得不走,也有的干脆逆流而上。大道多歧,哪一条是对的,全靠自己把握。有些人选对了路,有些人却终生走不出命运的"迷宫"。而生活随时随地都有可能把你推向这样或那样令人困惑、彷徨、犹豫的十字路口,要你迅速做出非此即彼的选择。这种时候，仅有热情是不够的，我们必须经常地自省、审视自己，然后才能把握自己。.

由此想到儿时玩陀螺的情景，要陀螺转得快就得不停地抽打它。人也是这样，要想把握住自己，也得"狠抽"自己。其实，生活中每个人都挨过"打"，而且打得越痛记忆越深。而在许多时候，那种痛楚与苦涩是无法说出的，一次又一次地让你体验到冷遇、失败和不被理解的痛苦滋味。在这种时候，就需要有种"跌倒了算什么"的达观，打起精神，努力拼搏。

把握住自己，对春风得意者来说不易，对屡受挫折者来说更难，而一个人要有所成就，就必须认准了路，往前走莫回头。奋斗是苦的，成功却能为你带来欢乐。孤寂失意时，为自己鼓鼓掌；懈怠时，要无情地鞭策自己；迷惑时，需要掂量掂量自己；成功时，莫被鲜花和荣誉冲昏了头脑……

学会把握自己，就是要学会控制自己的思想，总结自己的思想，以达到使自己思想不断进步，不断完善，不断独立的过程。试想一下，一个连主观意识都没有的人如何成就事业，如何创造未来？他只会跪拜在胜利者的膝下。社会是现实的，是会鉴别黄金和沙子的，要形成自己独立的想法，不模仿任何人，自己就是自己！

作为一名职场中的员工，要把握自己，不仅要在诱惑重重的尘世里不为名利所动，更要在稍纵即逝的机遇面前从容面对，勇敢抓住，从而不使岁月虚度，人生苍白。

爱因斯坦自己把握住机会，靠自学，最终走上探索科学的道路，成为举世瞩目的科学家；贝多芬失聪的耳朵没有给他创作音乐的机会，但他不放弃尝试，靠牙齿咬着木棒，创作出多少优美动听的音乐乐曲，被人们永世传唱；司马迁靠自己把握住机会，花费了半生的时间，写下了流芳百世的《史记》。综观中外这些成功的人士，他们都是靠自己的把握，抓住了机会，从而获得成功。

这里简略讲一下毛遂自荐的故事：

> 战国时期，毛遂在平原君的门下三年，一直没有被人重视，当平原君急需人才的时候，毛遂把握住这次机会，勇于自荐。在与平原君交谈时，他表现出杰出的才能，受到了平原君的赏识，终于干出一番事业。

毛遂的自荐，更让我们深刻感受到自我把握机会的重要性。

　　现在的社会,竞争十分激烈,如果你终日守株待兔,等待机会的来临,往往一无所获。我们只有靠自己去努力,在激烈竞争中把握住机会,用自己的勤奋汗水,去浇灌"机会"这一种子,让它发芽、抽枝、长大……

　　职场上的机会,如同漫天飞舞的雪花,很多,但是很微小,并且很快就会融化、消失。当雪花落在别人身上时,不要羡慕,不要妒忌,你的机会要靠自己去把握,并且牢牢抓紧。只有能够把握住自己的员工,才能把握住机会。

第二章

主动适应:迅速进入工作状态

　　每个员工进入职场都会有"工作不适应症",只是由于心理承受能力、应变能力、适应能力等不同,每个人持续时间的长短也不同。但优秀的员工总能用积极的心态去面对这种现实,总能摆脱困境,找到工作的乐趣。他们会主动熟悉自己的工作环境,尽快进入工作状态,并且还能够主动面对工作难题,主动去做一些分外事,这样展现在别人面前的就不再单纯的是出色的工作能力,而是迷人的人格魅力。

1

熟悉自己的工作环境

　　员工进入新单位,都有一段人人必经且刻骨铭心的心路历程,职业心理学称之为"新人孤独期"。"新人孤独期"的时间一般在3个月。适应快的人,一个月就能过去;适应慢的人,或许需要6个月时间才能过去。但是,也有一些新人,在经过"新人孤独期"的时候,受到来自心灵的阻碍和创伤,使自己的职业生涯就此搁浅。其中不乏才华横溢、技能超群的可造之材。职场上所谓优秀人才难留住,其重要原因之一,就是"新人孤独期"的滞延和变异。

　　刘明是某美国公司驻中国办事处的新员工,月薪1万元,职务是新技术研发部副经理。带着对未来的憧憬,他上任了。报到第一天,人事经理因为事情多而没能及时地给他安排办公桌,使他感到被轻视的孤独。第二天,人事经理给他安排了一个临时的办公桌后,又去应付其他"紧急"的工作。守着临时的办公桌,他有一种不知道该做些什么的孤独。第三天,研发部的经理出差回来,与他面谈后,找出一摞资料让他学习。他一边学习,一边感到没有团队感的孤独。

　　几天后,研发部就某个技术问题,召开内部讨论会。讨论中,刘明积极主动地表达了自己的意见。孰料,竟然引起同事们对自己的一场挑战。他感到一种受排挤的孤独。他非常困惑,是自己的意见错了,还是同事故意排挤和欺负自己?刘明不知道该怎么办,也不知道向谁求助。

　　时间一天天过去,刘明越来越感到压抑,也越来越觉得自己的工作很无聊。对同事,对自己的上级,对整个公司的管理和氛围,他无不抱怨。一次,午餐的时候,某位同事对工作的怨言,引起了他的共鸣。接着,一唱一和,他与同事,如遇知己,相见恨晚。以后,晚上经常会接到同事们聚餐的邀请。聚餐的时候,刘明与同事们,一边喝酒,一边抒发压力下的不满情绪。3个月很快过去了。说也怪,他越来越觉得自己不孤独了。同事关系更加信任和默契,他的技术能力也越来越受到同事们的信赖和尊重。刘明以为自己已经顺利度过了在新单位的适应期。

其实,刘明的"新人孤独期"一直也没有完全过去。表面上看,他与同事们一起吃吃喝喝,共同发泄职场压力,表达不满,似乎与同事找到了共同的语言。但是,他的内心并没有对公司及上司真正地信任。假如离开了同事们对公司的怨愤同盟,他很快就会陷入孤立和孤独之中。

从上面案例中可看出,新员工入职,最敏感的是自己是否被新领导和新同事信任和重视。而要获得信任和重视,首先必须要熟悉自己的工作环境。要熟悉哪些环境,怎样去熟悉?各人有各人的做法,但对一个新环境的熟悉,无非是要了解以下信息:

(1)了解公司内部以及周围的自然环境

譬如公司各部门办公室的分布情况,卫生间的位置,公司附近有什么超市和商场,公司附近的车站情况等。这些情况在你看来也许都是不起眼的小事,你会觉得在需要的时候问一下别人就行。但是,职场中准备工作的好坏常常会对做事的效率产生很大的影响,当上司让你去某个部门传送文件,你如果连该部门的位置都要打听,那上司会怎么想?

(2)熟悉公司的内部组织

比如公司有哪些部门或科室,每个部门的负责人是谁,负责的工作是什么。除了这些,还必须在最短的时间内弄清楚公司的经营方针和工作方法,这样才能确保自己和公司站在同一立场,朝着同一个目标奋斗。

(3)严守公司的规章制度

每个公司都会有员工手册,这是新员工认识公司规章制度最直接的途径。但要想迅速融入这个新环境,得到新同事的认可,了解员工手册上的规定远远不够,还必须多看、多想、多向身边的人请教,否则得罪了人还不知道。比如,有些公司明文规定禁止办公室恋情,有的公司不允许在上班时间登录 QQ 等。

(4)确定自己的工作性质和内容

你的工作内容是什么?在公司里处于什么地位?什么新项目可以让你一展所长?在做好本职工作的同时,要加强与同事的合作,给人一种你的工作不可忽视的印象。当同事和上级们习惯有你的存在的时候,大家对你的重视也就不言而喻了。

(5)悟透公司的企业文化

企业文化是企业的灵魂,是推动企业发展的不竭动力。想尽快融入新环境,必须学会察言观色,并且要谦虚地向前辈请教,积极适应公司的企业文化,而不是一味地想改变现实,否则就会停滞不前。有外国的调查报告显示,一般公司裁员,95%的原因都是由于员工未能融入公司的文化。

职场中,对新员工来说,只有让自己与企业文化合拍,才能更好地施展自己的才华。尤其是对很多年轻人来说,无论从事什么新工作,首先必须对公司的一切信息都了然于胸,这样才能在工作中做到游刃有余。

2

尊重身边的同事

作为职场中人,一天中除了家人,相处时间最长的就数同事了。同事之间互相尊重,创造融洽的工作气氛,自然有利于工作。反之,彼此之间就容易形成隔阂,不但得不到对方的支持和帮助,还会降低团队的战斗力。所以,不尊重同事的员工,在公司里往往是"孤家寡人",没有人愿意跟他交往,而一个失去人脉基础的人,上司是不会让他担当重任的。

在职场中,自高自大、谁也不放在眼里的员工,毕竟是极少数。这类人，说到底是太自恋了，太把自己当回事了。殊不知，职场中竞争激烈，能跟你站在一起的，都不会比你差多少，即使你确实出类拔萃，但终究有不及他人之处。

有的员工，不能说他不尊重人，他只是在选择对象的时候，戴着"有色眼镜"，即所谓的"势利眼"。那些对他的加薪和晋升起决定作用的人，比如说他的上司、公司董事，他无比地尊重；对待身边的同事，他先是分出三六九等来，比他优秀的，他会尊重，因为这些人有可能晋升成为他的上司，况且，他还想跟这些人学招；跟他同一水平的，他则爱理不理；比他差的，也就是他眼里所谓的小人物，他就不屑一顾了。

其实，越是公司里的小人物，越在乎别人对自己的态度。你不尊重他，他不但不尊重你，还会传播你的坏话。俗话说："好事不出门，坏事传千里。"你仅仅是不尊重一个你认为无足轻重的同事，结果变成对所有的人都不尊重，你的声誉自然会受到贬损。你若敬他一尺，他就敬你一丈。况且，他们之中也许有藏龙卧虎之人，说不定哪天会晋升到你上头，如果你平时尊重他，自然会有好报。即使他们不能晋升，也许跟公司里某位大人物有特殊关系，照样对你的职场发展起到不可忽视的作用。

吴为是从公司市场部竞聘到总经理办公室秘书这个职位的。他以前是市场部的统计，对市场很了解，又具备很强的文字表达能力，所以很受总经理赏识。他特别善于察言观色，领会总经理的意图，有时总经理还没发话，他就知道总经理准备干什么；有时总经理还没安排，他就知道给总经理准备哪些资料。渐渐地，总经理就养成了依赖他的习惯，简直有点离不开他了。

平时，吴为对公司的副总和各级主管们非常尊重，因为他知道，那些副总都是经常在老总身边转的人，也深得老总的信任，给他们留下好的印象，如果他们对老总美言自己一句，比自己说多少话都管用；那些主管，说不定哪天就会获得晋升，也不能轻视。所以，吴为获得了副总及主管们的一致好评。

但对待身边的同事，吴为可没有那么好的态度。他自以为是老总的红人，就觉得比同事高人一等，不但对同事爱理不理的，说话的口气也是颐指气使的，似乎为了从同事身上体会一下当老总的感觉。所以同事都很讨厌他。

在起草一份市场营销方案时，吴为提了两条建议，得到了老总的肯定，并在执行中起了显著的作用。不久，就从公司高层传出吴为将晋升为总经理助理的消息。吴为听说后心花怒放，干得更加卖力了。

这天，公司传达室的那位相貌平平的女工上楼来送报纸，报纸在办公桌上没有放稳，滑落到地板上了。还没等女工弯腰捡，吴为就严厉地命令道："快把报纸捡起来！"他没想到女工不甘示弱，回击道："请你态度放尊重点！"吴为冷笑道："一个送报纸的，还要怎么尊重？"女工气得一时说不出话来，摔门而去。

办公室里的一个女同事不一会儿也跟着出去了，她找到那个女工安慰道："你别生气了，别跟他那样的小人计较。别说你了，我们这些经常跟他打交道的，都整天受他的气。他就那副德行，只知道拍上司的马屁，从不把同事放在眼里！你跟老总反映反映，老总会相信你的话的。"

说完，这个女同事就幸灾乐祸地偷着乐了，因为她知道，这个女工是老总乡下的一个表妹。

吴为见提拔他任总经理助理的事没了下文，而且老总对待他也不像以前那样热情了，正想跟人力资源部主管打探一下情况，忽然一纸调令将他调回了市场部。他拿着调令找到老总，坦率地说："我想知道我做错了什么。"老总说："从你这一段的工作来看，你还不成熟，还需要在基层部门锻炼。工作无止境，不要以为自己已经做得很好了。相信你回去以后，能够改进自己，做得越来越好。那时，会有重要的岗位让你担当重任的。"

老总这样说，吴为就不好再问，只好垂头丧气地去市场部报到了。后来，他从别人对自己的议论中获悉传达室的女工是老总的表妹，这才知道自己被调离的真正原因。老总鞭策自己的那番话，只不过是老总的借口而已。

吴为的职场变故，值得每一位员工深思，尤其是那些不尊重同事的人，更要引以为戒。

尊重同事是一种工作态度，是职场必备的素质。所以，尊重同事不仅要想在心里，还要落实到行动上，要用实际行动去尊重同事。

首先,同事见面要主动问候。在同一个单位里共事,彼此熟悉了,见面也免不了互相问候。试想一下,别人主动问候你时,你是一种什么感觉?当然是一种受尊重的感觉,心里也很高兴。所以,同事见面时要主动问候对方,而不是等着对方向你问候了才作出回应。

其次,要热情地对待同事。如果你以一副冷漠的神情对待同事,即使你没有不尊重对方的意思,却会使对方容易联想到你瞧不起他,特别是在同事有困难请求你帮助时,你板着一副冷漠的面孔,显出一副"事不关己,高高挂起"的样子,一定会伤了对方的心。反之,你热情对待同事,对方就会产生一种受尊重的感觉。即使你对同事的请求无能为力,同事心里也会感到暖暖的。

再次,要懂得宽容同事。你的同事不小心做了对不起你的事,他向你赔礼道歉,你就应该原谅对方。即使同事给你造成了伤害,你也要宽容对方。这样,同事就会觉得你尊重他,并从心里感激你。

最后,要学会关心同事。无论你的同事取得了成绩,还是遭遇了失败,你都应该及时表示关心。这样会让他觉得他在你心中有一定的地位。所以,你要向取得成绩的同事表示真诚的祝贺,向遭遇失败的同事表示安慰和鼓励,而不是无动于衷,坐视不管。尤其不要对遭遇失败的同事进行冷嘲热讽,贬低对方的工作能力。这样做的后果只能让你为自己树立敌人,并让众人对你敬而远之。

3

尽快进入工作状态

无论是刚踏入职场的应届毕业生,还是久经沙场的老将,在进入新的工作单位后,都面临如何适应新环境,尽快进入工作状态,并最终站稳脚跟的问题。新员工的特点是渴望成功、愿意改变、对工作有热情,不足是对企业文化认识有限、对企业业务了解有限、工作能力有待提高。

那么,新员工如何尽快进入工作状态呢?

每个企业都有自己的文化、制度和工作流程。一般公司在新员工入职后,都会安排这方面的培训。新员工要高度重视和珍惜这样一个机会,认真学习相关内容。因为这些内容和接下来的工作有着密切的关系,会为下一步开展工作带来极大便利。如果等到违反制度再去学习制度,虽然比较印象深刻,但付出的代价可能比较大。

尽快熟悉同事,虚心请教,多听多看。新员工刚到公司,人际关系并未建立,工作中会涉及与众多同事合作。如果能以较低的姿态,尽快认识更多的同事,并获得好感和支持,会对下一步工作带来极大便利。

无论是以什么样的职位进入公司,礼貌地对待所有的同事,尊重遇到的每一个人,是新员工必须要做好的。一定要避免给人留下对领导热情、对基层员工冷淡的逢迎拍马形象,否则是很难在一个团队中立足的。

另外,新员工大多对公司了解有限,要多听多看少说,避免因不了解而盲目发表不恰当的评论,引起同事反感。

为了尽快进入工作角色和工作状态,还要发挥所长,积极主动,珍惜每一次表现机会。新员工刚到公司,往往会成为注目的焦点。很多人在优势还没发挥的时候,缺点已经暴露不少。由于"首因效应"(也叫"第一印象效应"),新员工的缺点在无形中被放大了。这就要求新员工珍惜每一次表现的机会,尽可能地展示自己的优势和长处,给人留下一个较好的印象。当然在表现的时候,还要把握好分寸感,避免喧宾夺主的情形出现。

新员工到企业不久后,由刚开始的兴奋到慢慢发现一些问题,进入了震惊期(按照新员工的感受不同,可把新员工在适应或离开企业的过程分成兴奋期、震惊期、调整期、稳定期四个阶段)。这个时候,不能总是抱怨和责备,要想到自己能够为解决此问题做些什么,并通过正常渠道反馈给直接上级。这样做的结果是既体现了自己的价值,又帮助公司解决了问题。任何公司都不缺少抱怨的人,却都缺少解决问题的人。你是那个解决问题的人吗?

还有,新员工对公司熟悉有限,难免会碰到一些棘手的问题或困难,能够靠自己努力解决当然很好。一旦依靠自己的力量无法解决,要抛弃所谓的面子，寻求上级或同事的帮助，千万不要可默不作声、听之任之，造成延误工作的严重后果。不知道和不会做并不可怕，可怕的是在这种情况下不问、不学和不解决。

克服对新环境的不适应，降低期望值，调解适应能力。古希腊哲学家赫拉克利特说："人不能两次走进同一条河流。"意思是说，客观事物是在永恒地运动着、变化和发展着的。其实企业也是如此，没有完全相同的一个环境。新员工到了一个企业，既要学会接受企业好的一面，又要以客观的态度看待企业的不足之处，及时调整自己的期望值，顺利度过自己的试用期阶段。

了解一个企业需要花费半年甚至更长的时间，在一个企业发挥重要作用可能需要几年的时间。不少新员工，因自己不切实际的期望值和较低的适应能力，遇到一点挫折和不如意，就轻易辞职走人，非要碰壁很多次，才能知道企业像一个人一样没有完美的。就算有完美的企业，那里边也需要相对完美的员工，似乎也和这些动不动就辞职走人的员工丝毫不相干。

新员工与其这么仓促做决定，不如在入职前下些工夫仔细考察企业情况，了解企业各方面的情况，慎重作出选择与否的决定。入职后，除原则性问题外(比如违法乱纪、坑蒙拐骗、道德低下等)，多看企业好的一面，找准自己的工作方向，努力发挥自己的优势，在工作中体现自己的价值。轻易离开，只能承认自己选择的失败，并难以保证再次求职没有类似不如意的事情出现，岂能一个走字了得？

总之，对于职场新人来说，很多人上班第一天都是既兴奋又惶恐，也不知道自己应该做些什么事才好。如果不想让同事和上司觉得你是个第一天上班就混日子的职场新人，你可通过以下几个途径迅速进入工作状态。

(1)请教上司：今天有什么要我做的？

跟上司报到结束时，如果上司没有安排你今天的工作内容，你就要主动询问："今天有什么要我做的工作吗？"、"今天我的工作内容有哪些？"，等等。得到准确的答案，你也便知道你这一天都要做些什么事了，也会让上司觉得你是一个对工作很有主动性的新人。

（2）网络查询你的工作内容。

网络无所不能，如果你不知道你的工作应该做点什么，那就上网搜索一下，看看你现在这份工作的内容都有哪些。

（3）熟悉一下，怎么熟悉？

如果你的上司今天没有给你任何工作内容，只是让你熟悉一下工作环境，熟悉一下业务，你知道自己应该怎么熟悉吗？最简洁的方法就是去问问你身边的同事，多了解一下公司的背景、自己的业务、上司的情绪状况等，千万不要闲在那里没事做，或是玩电脑。

4

主动面对工作难题

爱因斯坦是一个举世景仰的伟大科学家，在谈到对于真理的探索时曾经说过："从我自己痛苦的探索中，我了解前面有许多死胡同，要朝着理解真正有重大意义的事物迈出有把握的一步，即便是很小的一步也是很艰巨的。"美籍奥国物理学家 P. 傅兰克有一次跟爱因斯坦谈起一位研究成绩平平的物理学家，说他总是爱处理一些极大极难的问题，可惜始终毫无结果时，爱因斯坦听了竟然说："我很佩服这种人。我最看不惯那些只愿意在一块木板上找最薄、最容易打孔的地方钻许多洞的科学家。"

爱因斯坦的意思很明确，作为一个科学家就是要敢于破解大题难题，而不能只是去做那些小题目或容易做的题目。只是善于在小题目上做文章的科学家是不会做出什么大成绩的，也不会有什么大的出息，最终也不会成为伟大的科学家。职场上也同理，若没有勇于破解工作难题的勇气和胆气，是不可能有所作为的。

我们应该感谢难题，越是难题的事情竞争者越少，机会和效益也越大，越是难题的事情越值得我们去做，一个人如果能把有难度的事情做成功,才能得到更多人的欣赏、承认和尊重,才能有更多动人的故事被人接受和传颂。每部名人传记,都是面对难题并战胜难题的人生经历。

　　著名的威灵顿将军吃了败仗,落荒而逃,在一户农舍的草堆上见到一只在风雨中结网的蜘蛛,蜘蛛不畏风雨,终于结好了网,威灵顿将军深受激励。他重振旗鼓,终于在滑铁卢之役打败了对手拿破仑。伟大的音乐家贝多芬,17岁丧母,32岁失聪,接二连三的打击并没有击倒他,他的主要创作竟大多在失聪之后。

　　兵败对于将军,失聪对于音乐家,辍学对于科学家,都可算是最大的难题了,但他们都没有被难题吓倒,而是迎难而上,终于获得了成功。

　　我们虽有难题,但比起威灵顿、贝多芬等人遇到的算得了什么? 其次,我们在这些难题面前,难道还不如那只在风雨中结网的小小蜘蛛吗?更重要的是,我们不应该比较自己所处的条件,而应利用现在较好的条件,跨过难题,迈向自己的奋斗目标!

　　在难题面前不要低头,让难题成为我们的垫脚石,让自己成为强者,站得更高,看得更远,向着未来一步一个脚印地前进。

　　何况,具备主动的工作态度,积极投入工作,正面处理工作上的疑难,并且愿意从不同的角度,以创新的手法为企业解决问题,这样的人更容易赢得上级和同事的欣赏。职场员工最怕像一个算盘珠,别人拨一下,才动一下,凡事只按本子办事,从不会在问题恶化前主动想办法解决问题。试问这种被动的员工,又怎会得到上司的赏识呢?

　　当然,要在职场中能够勇于破解工作难题,光有勇气和魄力还不行,还必须在实践工作中练硬功、打硬仗。要勇于正视困难,敢于触及矛盾,善于从复杂的局面中捕捉先机。绝不能遇到困难绕着走,绝不能办事虎头蛇尾、工作半途而废。勇于和善于破解难题,才能取得工作上的主动权,才能占领制高点。

　　有一个汽车厂的调整工,名叫许小飞,他就是一个能在关键时候独当一面的人。他是汽车下线出厂前对车辆进行最后一次"体检"的把关者,是在这一平凡岗位上练就出来的一位高手。

　　2003年7月,许小飞进入奇瑞公司,被分配到总装二车间检测线,成为一名调整工。许小飞深知,生产一流的轿车,工人必须具备一流的技术。为此,他开始学习钻研汽车的各项技术,在检测过程中,他将遇到的各种疑难问题一一记录下来,与同事们一起分析研究,很快掌握了德国申克设备的工作原理,学会了四轮定位参数调整、灯光检测、轮毂试验、尾气分析、淋雨试验等检测项目,并对设备进行了改进,提高了工作效率。尽管当时的检测线只负责检测,不对个别安装不到位的车辆进行调整,但许小飞还是对检测中发现的问题,主动进行分析调整。凭着一股刻苦钻研的劲头,他各方面技能都得到充分锻炼,成为一名检测能手。设备上一旦出现难以解决的问题,同事们都会在第一时间想到许小飞。

奇瑞创业之初的"小草房精神",让许小飞深受鼓舞,在遇到疑难问题一时无法解决时,他不但不退缩,反而会激发斗志——不把问题处理好不回家。有一次,一台瑞虎车空调不制冷,能换的部件都换了,设计人员、工程师也到了现场,仍然束手无策。到了晚上10点,领导要求下班明天再处理,他却往地上一坐说:"你们先走吧,我再研究一下。"最终,他查出问题出在仪表电器盒内。还有一次,为解决一台车的漏水问题,许小飞在现场连续工作了36个小时,直到问题全部得到解决。

许小飞每天坚持到调试现场察看生产情况,只要出现了疑难问题,他总是第一个到现场,寻找解决方案,完善作业指导书。2007年,许小飞临时调入技术攻关组,作为技术室质量攻关组的骨干,在他的带领下成立了线束小组、力矩小组、淋雨小组、车内遗留物小组及疑难问题攻关组,将工作开展得有声有色。2008年,他作为公司骨干被派往埃及,帮助埃及公司成功地将瑞虎车型布置上了流水生产线,完成了该车型在埃及的量产工作,受到国外同行的高度称赞。

正是由于许小飞努力学习,刻苦钻研,才掌握了过硬的本领,有勇气挑战高难度,破解工作难题,从而超越了自己,使自己变得卓越起来。

困难与机遇同在。一个个困难的克服,其实也就是一次次机遇的把握。把握发展上的机遇,必须破解发展中的难题。任何人只要不以问题的"难"为借口躲避,而是全力以赴地向问题发起挑战,甚至把困难和问题当成最好的机会，再难的问题也能解决，当初的绊脚石就能变为垫脚石。你如果经常能够这样做，不但锻炼了自己工作的能力，而且还能把自己巨大的工作潜力挖掘出来，日子一长，你的工作能力就能胜人一筹，你的工作也将做得更加卓越，你自然就成了一名优秀员工。

5

荣耀与他人共分享

在工作上，你如果有特殊表现而受到肯定时，千万别忘了分享荣耀，否则这份荣耀会为你带来人际关系上的危机。工作上有了业绩，升职了，加薪了，不妨和同事们庆祝一番，对老板说声"谢谢"，对下属的配合与支持表示真诚的感谢，甚至是嘲笑过你的人，也要为他们给了你前进的动力而有所感谢，回到家中也不要心安理得地享受舒适的床铺、可口的饭菜，拥抱一下辛苦持家的妻子和养育自己的父母，让大家都感到你发自内心的感激，并与你分享快乐。

只要你懂得荣耀与他人分享，相信你会惊奇地发现，你身边的人将扶持你走向更高的位置，他们期待着、仰望着你的高度，而不是嫉妒或冷眼旁观。你主动把"高帽子"赠给了别人，别人也会反过来毕恭毕敬地维护你和支持你。拥有良好职场心态、良好职场习惯的人在做同样的事情的时候，即使由于水平和能力问题而没把事情做好，大家也都会以宽容的态度来看待，觉得他尽心尽力了。大家往往有一种倾向，觉得这种事情如果换了自己去做，也未必会比他做得更好。

职场就像马路，每个人就是司机。在马路上，也许你开的是奔驰，是宝马，而别人开的是奥拓，甚至是面的，但由于每个人选择的道路并不完全相同，有时候开奥拓的会一路畅通，而奔驰、宝马却因为选择了一条堵车的道路而寸步难行。即使大家在同一条马路上，由于每个人的车况不同,车技悬殊,对前面的路况判断不一,开奔驰、宝马的有时候也不得不落在小奥拓身后。在拥挤路段,有的人仗着自己车好、技术好而强行并线,常常导致交通事故,既影响了别人的安全,也延误了自己的行程,甚至车毁人亡。有的人虽然车旧技术差,但人家会放低身段让别人先行,最后也顺顺利利地到达了目的地。

所以,在职场上,多一些谦让,衷心地为别人取得的成绩喝彩,而不是去与别人斤斤计较、患得患失,这种谦恭的心态和与人为善的习惯比任何职场技巧更容易赢得到别人的支持和帮助,使自己在职场上获得更多的快乐和幸福。

在美国有一位农场主,由于勤奋与智慧,他所种的农作物每一年都能获得当地农览会的最高荣誉"蓝带奖",而得奖后他也一定将他所获奖的最佳品种分送给他的邻居们。大家都觉得奇怪,难道他不怕别人获得了他得奖的品种,因而在下一次的比赛中胜过他? 对此,他微笑着答道:"我无法避免因风吹而使邻居的花粉飘到我的田里。倘若我不将好的种子分拿给每个邻人,那么飘过来的花粉不好,也必然会使我的田地产出不好的品种,唯有在我周围的品种都是好的,才能保证我的田里产出最好的品种。而我在得奖之后,不会就此松懈偷懒,坐享其成,仍然继续努力研究改良,因此我能连续不断地获得最高荣誉,因为当别人赶上我去年的水准时,我早已又往前迈了一大步。所以我从来不担心别人超越我,相反,若有人超越我,将带给我精益求精的动力,让我追求更大的进步。"

听到他如此自信的解释,令人不得不赞叹他是真正有大智慧的人,是实至名归的冠军。反观我们周围的职场人,常常"敝帚自珍",吝于与人分享,深恐别人知道了自己的成功方法,将会超越自己。如此不但伤害了彼此的人际关系,也造成孤僻小气的形象,更重要的是丧失了自己成长进步的环境与动力。

一个人千万不要独享荣耀,独享荣耀终将独吞苦果。居功的确可以聚集别人羡慕的目光,可以让自己有很大的成就感,但如果你只想独占功劳,企图让光环仅围绕自己一个人转,那就不是自私而是愚蠢了。

很多人认为自己所获得的一切都是通过自己努力而得到的,因此荣耀应是自己的,可是,如果没有团队其他人的支持,你怎么能取得如此的成就? 你又怎么能单独圆满地完成任务? 因此,无论你在成功的过程中付出了多少,这里面一定不能抹去其他人的功劳。

　　某公司销售主管袁枚这个月业绩突出,他所在部门的业务员的销售总额超出了同级部门的两倍还多,按照公司的规定,主管可按业绩提成,得到一笔可观的奖金。老板很是为有这样一位得力助手而高兴,也暗自庆幸自己以前没有看错人,于是决定在公司开个例会,以此激励其他员工,还在最后特意安排袁枚当众演讲。

　　袁枚在他的演讲中把自己的业绩归功于自己调配人员的技巧、处理大订单的果断和如何辛苦加班等。虽说他说的这些也确实属实,他的确也是这么做的,但他唯一犯的错误就是自始至终都没有提及一句自己感激上司和感谢同事、下属之类的话。

　　会后,下属和同事们都开玩笑要袁枚请客庆祝,袁枚却毫不客气地说:"我得奖金,你们用得着这么开心吗? 下次我如果得更多再说吧。"可是等到下个月,袁枚不仅没能再拿到奖金,甚至还因为没能完成销售任务而被扣掉了当月奖金。更奇怪的是,袁枚的下属越来越懒散,就连老板似乎也对他冷淡了许多。

这样一个工作勤恳的人最终却不能成为受欢迎的人,究竟是什么原因造成的? 很明显,是他独享荣耀的缘故! 因为他不懂得荣耀共享而激起了他人心中不满,并心生恨意。

试想,当大家都为一个目标在努力奋斗,不料让你抢先得到这个惹人眼红的功劳,于是相比之下的其他人就比你矮了很多,你的存在给他人造成了威胁,尽管你并未做任何伤害他人的事,但又有谁还愿意跟一个让自己没有安全感的人共事呢? 自然而然,独自享有荣耀还心安理得地把高帽子往自己头上戴的人终究要成为孤家寡人。

见不惯别人比自己好,更见不得别人抢自己的好,可以说是人性的一大弱点,独自贪功就是抢别人的好、比别人好,不仅不会给自己带来更多的好处,甚至还会引火烧身,激起公愤。

身处职场中的你,为了让这份荣耀能够为你带来帮助和利益,有几件事必须做好:

第一是感谢。当荣誉到来时,首先要感谢同仁的鼓励、帮助和协作,不要认为这都是你自己的功劳。尤其要感谢上司,感谢他的提拔、指导与授权。如果事实的确如此,那么你的感谢本就应该;如果同仁的协作有限,上司也不值得你恭维,你的感谢仍然是必要的。虽然你会觉得虚伪难耐,但却可以使你避免成为同事与上司的箭靶。

第二是分享。口头上的感谢是一种分享,这种"分享"可以无穷地扩大范围,反正"礼多人不怪"嘛。另外一种是实质上的分享,别人倒也不是非要分你一杯羹不可,但是你要主动地与他人分享,让他人有受尊重的感觉。如果你的荣耀事实上是众人鼎力协助完成的,那么你就更不应该忘记这一点。"实质"的分享有很多种方式,小的荣耀请吃糖,大的荣耀请吃饭,同事分享了你的荣耀,受到了你的尊重,你们今后关系会更融洽。

第三是谦卑。人往往有了荣耀,便"忘了我是谁"地自我膨胀,这种心情是可以理解的。但旁人可就遭殃了,他们要忍受你的嚣张气焰,却又不敢出声,因为你正在风头上,可是慢慢地,他们会在工作上有意无意地抵制你,不与你合作,让你碰钉子。因此有了荣耀,更要谦虚。

一定要知道,你现在的成就并不完全是由你一个人创造出来的,即使你不曾正视这个问题,但不可否认一定有人曾经帮助过你。当你能公开地对自己及他人承认,你并非独立达成这些成就,所以不能独享荣耀时,一种和谐的感觉会在你的内心逐渐浮现。如果你身边都是正直又有能力的人,而这些人又和你有着相同的观念及类似的价值观时,你会发觉慷慨地将功劳归于他人并不是件困难的事。

当一件事,你能做,别人也能做的时候,你试着让给别人做;

当一份荣誉,你能得,别人也能得的时候,你试着让给别人得;

当一个职位,你能坐,别人也能坐的时候,你试着让给别人坐。

6

主动做一些分外事

　　许多人都认为做好"分内事"就够了，其实，做好"分内事"只是把本职工作做好了，立志要把工作做得更好的人，还必须自动自发地做一做"分外事"，这样进步才更快，收获才更大。因为只有你愿意多做事，别人才会给你更多的机会，你也才能学到更多的东西。对于那些有志于在职场中有所建树的人来说，不妨考虑多去承担一些"分外事"。

　　社会在发展，公司在成长，个人的职责范围也随之扩大。如果一个人只拥有一项技能，而且掌握得还不够熟练，那么，这个人在社会上就很难立足。面对"分外"的工作时，不妨伸出手，并将这作为对自己的一种挑战，一种机遇和一个锻炼的机会。

　　首先，做分外事，很体现一个人的素养。做点儿分外事，是职业精神的体现，也是个人气度的体现。一些看起来不起眼的小事，也能反映出个人的工作细致程度、工作态度等。我们认为，做好自己的本分，是成功的基石。而做好本职工作的同时做点分外事，更能赢得老板的青睐。

　　其次，多做一些，会让你得到比付出多。每天多做一些，你的初衷也许并不是为了获得更多的报酬，但结果往往是获得的更多。因此，有余力的话就多做一些分外的事情。积极地伸出援助之手，用全部精力将问题解决好，你必然会因这份付出而得到回报。

　　最后，多做一些，会加速你的成功进程。学习对一个人来说至关重要，我们既要学习专业知识，又要不断拓宽自己的知识面，因为一些看似无关的知识往往会对未来起巨大作用。多做一些分外事，会让你有更广的接触面，说到底是给自己提供很好的学习机会。

　　所以，如果你对工作能够多一份进取心，在做好本职工作的同时，并尽自己所能每天多做一些分外的事，做一些对别人和对工作有益的事，那你就会比别人获得更多的成长机会。

对员工来说,工作似乎都有分内分外之分,但在老板那里,所有工作是不分分内和分外的。优秀而卓越的员工在优质高效地做完自己的本职工作之后,总能自觉地协助同事和老板做好属于团队、属于公司的工作。他们总能跟老板或跟同事抱定一个目标,坚守一个信念。为此,在他们的心目中,所有的工作都是自己的或都是与自己有关的。正是这种姿态成就了他们奋斗拼搏的进取心和不断高涨的积极性。

如果你每天都能坚持这样做,那么你会从自己的努力中获得经验的积累和知识的补充,同时还会增强个人的工作能力。

一提起微软,人们脑海里出现最多的是那些西装革履,意气风发的软件高手们。但实际上,在微软的创业初期,还有一个人让比尔·盖茨和整个微软都永远难以忘记,她就是露宝,微软公司的一位秘书。

那时候的微软都是年轻人,做软件、搞开发都是能手,但内务却一团糟。微软的第一任秘书是个年轻的女大学生,除了自己分内的事,对任何事情都是一副不闻不问的冷漠态度。这时露宝上任了,其时她42岁,是4个孩子的母亲,并一度没有工作,在家中做着家庭主妇,与她竞争的都是年轻漂亮的女大学生。

但事实证明,露宝的确是最棒的。进公司不久,她就发现盖茨常在办公室睡觉,她心疼地劝解他。后来盖茨告诉了她软件工作者的特殊习惯,露宝尽自己所能地给予理解,从此每当她返回办公室,看见盖茨睡在地板上,她就像母亲呵护儿子一样,给他盖好衣服,悄悄掩上门。露宝还关心盖茨的起居饮食,这些都使盖茨感到了一种母性的关怀与温暖,减少了远离家庭而带来的种种不适。

露宝在工作上也是一把好手。盖茨是谈判的高手,不过第一次会见客户时,也会使人产生怀疑。这时露宝总会事先告诉人家:"请您留意,他是一个年纪看上去十六七岁,长一头金发、戴眼镜的男孩子,如果见到的是这样的形象,准没错,自古英雄出少年嘛。"露宝的话成功化解了对方的疑虑。

盖茨经常到外地出差。为了使工作尽可能的满负荷,他经常是在最后时刻才驾车飞奔机场,然后将车放在停车场,让露宝去取回。而每次他都会因超车、闯红灯等收到不少法庭的传票。所以为了盖茨的安全，以后逢盖茨出差，露宝都会亲自督促。

露宝把微软公司看成一个大家庭，她一直自觉以一个成熟女性特有的缜密与周到，考虑着自己应该在"娃娃公司"负起的责任与义务。她真心关爱每一位员工，对工作也有一份很深的感情。很自然，她成了微软的后勤总管，负责发放工资、记账、接订单、采购、打印文件等等，远远超出了一位总裁秘书的职能。盖茨和其他员工对露宝都有很强的依赖心理。当微软决定迁往西雅图而露宝因为家庭原因不能随迁时，盖茨对她依依不舍，留恋不已。盖茨和公司高层联名写了一封推荐信，信中对露宝的工作能力给予了很高的评价。临别时盖茨仍握住露宝的手动情地说："微软留着空位置，随时欢迎你！"

做好分内事是责任，做好分外事是进取，这是露宝给我们职场人的启示。也许你只是普普通通的一名员工，可是无论你从事什么样的工作，只要你做了，尽管不是你职责范围内的事，这也就等于为自己的成功打开了更宽敞的一扇门。所以真正聪明的员工，即使自己的努力和个人价值没有得到老板的认可，他们也仍然会一如既往地努力，因为他们相信：在同样的生命时间里，只要比别人多做，就会加速自己的成功进程，也只有这样做了，才会把你的工作做得更好。

7

开发自己的潜能

当今的时代，是一个崇尚卓越的时代，只有活出自己的精彩，才能赢得更多的机会。如果你总是默默无闻，没有属于自己的东西，就会走进被人们遗忘的角落。所以，与其羡慕别人，不如开发自己的潜能，打开一片新天地。

很多时候,我们应该具有向高难度挑战的勇气,因为勇气决定一个人的命运,不敢向高难度的工作挑战,无疑是对自己的潜能画地为牢,只能使自己原本无限的潜能化为有限的成就,同时也会导致自己的天赋在不断的退缩中逐渐减弱。

因此,一个人要实现自己的职业生涯目标,干出一番惊天动地的事业,须在树立自信,明确目标的基础上,进一步调整心态,开发潜能,这一点也极为重要。科学家们研究发现,人类具有巨大的潜能。若是一个人能够发挥一半的大脑功能,就可以轻易学会 40 种语言、背诵整本百科全书,拿 12 个博士学位……

著名的心理学家奥托指出,一个人所发挥出来的能力,只占他全部能力的 4%。也就是说,人类还有 96% 的能力尚未发挥出来。

以上说话或许有一些夸张,但是,任何一个平凡的人,都存在巨大的潜能,这是不容置疑的,只要他的潜能得到发挥,就可干出一番事业。研究发现,那些被世人称为天才者,为人类做出突出贡献者,只不过是开发了他们的潜能而已。例如,20 世纪的科学巨匠爱因斯坦,在他死后科学家对他的大脑进行了研究。结果表明,他的大脑无论是体积、重量、构造或细胞组织,与同龄的其他人一样,没有区别。这说明,爱因斯坦事业的成功,并不在于他的大脑与众不同,而是在于他开发了自己的潜能。

其实,人不仅具有巨大的心脑潜能,还有巨大的潜在体能。一个人能搬动一辆汽车,你相信么?但这确实是真的。

在一家农场,有一辆轻型卡车,农夫的儿子,年仅 14 岁,对开车极感兴趣,有机会就到车上学一会儿,没过多久,他就初步掌握了驾车的技能。有一天儿子将车开出了农场大院。突然间,农夫看到车子翻到水沟里去了,大为惊慌,急忙跑到出事地点。他看到沟里有水,而他儿子被压在车子下面,躺在那里,只有头的一部分露出水面。这位农夫并不高大,也不是很强壮,但他毫不犹豫地跳进水沟,双手伸到车下,把车子抬高,让另一位来援助的农工把儿子从车下救了出来。事后,农夫就觉得奇怪,怎么一个人就把汽车抬起来了呢?出于好奇,他就再试了一次,结果是根本就抬不动那辆车子。

此事说明，农夫在危机情况下，产生一种超常的力量。这种力量从何而来呢？医务人员解释为，身体机能对紧急状况产生反应时，肾上腺就大量分泌出激素，传到整个身体，产生出额外的能量。大量肾上腺激素分泌的前提条件，是人的体内能够产生这种多腺体。如果自身没有，任何危机都不能使其分泌出来。由此可见，人确实存在极大的潜在体能。另外，农夫在危急情况下产生一种超常的力量，并不仅是肉体反应，它还涉及心智精神的力量。当他看到自己的儿子压在车下时，他的心智反应是去救儿子，一心只想把压着儿子的卡车抬起来，正是这种力量，使他的潜能得到了发挥。

所以说，我们每个人都有巨大的潜能。尤其是职场中人，不要以为你的工作已经做好了，其实你还可以做得更好；不要以为你已成为一名好员工就不努力了，其实你还可以成为一名卓越的员工；如果你是企业管理者，不要以为你的公司发展够快了，其实你还可以让公司发展得更迅猛……

8

把自己当作公司的"老板"

在工作中，老板最看重的就是把公司的事情当成自己事情的人。要是你想让老板知道你是一个可造之材的话，那么你最好、最快的方法就是积极地寻找并抓住每一个可以促进公司发展的机会，哪怕它不是你的责任，你也要这么做。

国外职场流传着这样一个故事：

彼得是一名装修工人，他在安德鲁装修公司里工作，可以这样说，在所有工人中，给别人印象最深的、把工作做到完善水平的就是彼得。他个子矮小，但人很聪慧勤快，毫不糟蹋雇主家的任何材料,他宁肯用本人的手实验胶水的牢度,也不会挥霍雇主家的一块木板。他会把工作做得很完美,找不到缺点,还老是自动给雇主节俭许多材料。当他在约翰逊家工作的时候,很让约翰逊放心,但约翰逊也很好奇。

于是,在竣工的时候,约翰逊问他:"你每次都是这么认真细致地给别人工作,不认为亏吗?"彼得漠然一笑:"工作是为自己做的!"约翰逊震动了!这句充满智慧的话,竟然是从一个普通装修工人嘴里说出来的。安德鲁装修公司的效益越来越好,与此同时,彼得的职位也得到了提升。

由彼得的故事,联想到一篇文章,题目叫《公司的事就是自己的事》,文中这样写道:"任何一个公司的职员都必须清楚,在现在的企业组织里,工作范围的界定其实只是每个人所做的最小范围。对工作有着雄心和热情的员工,绝不会将自己局限在固有的工作范围之内,他们知道要想在工作上有一番成就,就必须不断寻找学习的机会,扩大自己对公司的贡献。"从这段话中,我们可以看得出,不仅是在向我们宣传一种企业的合作精神,而且希望每一个员工都能把自己当成公司的"老板"。

一位资历较深的美国企业管理者,他在管理他的手下时说了这样的话:"我警告我们公司的每一个人,假如有谁说:'那不是我的错,那是他(其他同事)的责任',如果被我听到的话,我一定会开除他,因为这么说话的人明显对我们公司没有足够兴趣——如果你愿意站在那儿眼睁睁看着只有2岁大的小孩单独在码头边玩耍——好吧!我决不容许我们公司的员工这么做的,你必须跑过去保护那个小孩子才行。"

由此可知,一个能把公司的事当成自己的事来做的员工,当他面临挑战和困难时,他会迸发出比以往强大若干倍的能力和勇气,因为他知道,很可能他的胆怯和逃避会让企业承受巨大的损失,只有勇敢面对,才能真正担当起责任,不让企业遭受损失。

公司的事就是自己的事,只要你是企业里的一员,你就应时刻把企业的利益放在心头,不论老板在不在,都要把自己当成企业的主人,而不应当抱着"事不关己高高挂起"的态度,将问题留给别人来处理。

如果把公司的事当做自己的事,我们不仅能从工作中获得乐趣,而且还能从工作中获得成就感;我们不仅能为公司解困除危,还能让自己磨炼出超群的才干和智慧。在一本名为《你在为谁工作》的书中，记载着这样一个小故事：

有一个员工在一家连锁餐饮店工作，由于平时表现好，多次被评为优秀店员。有一次，这家连锁店里发生了一起意外事件，一位顾客在进餐时突然倒地，四肢抽搐，口吐白沫，众人纷纷怀疑是食品中毒，甚至有人拿出电话通知报社和电视台。在这关键时刻，这位店员镇静自若，一方面指挥其他店员打急救电话，一方面竭力安抚顾客，保证不是食物中毒。他告诉大家，食物绝对没有毒，并冒险当场吃下许多饭菜。为了防止谣言扩散，他还请求大家等待急救车到来，由医生来评判。

不久，急救车过来了，经验丰富的医生告诉大家：所谓中毒顾客实际上是羊角风发作，不过凑巧赶在这样一个场合，大家尽可放心。对这家店而言，这真是一场始料不及的危机，但这场危机终于过去了。而在危机面前，这个员工并没有置身事外看热闹，而是本着公司的事就是自己的事的原则，勇敢而机智地避免了一场危机，受到了公司领导和同事的一致赞扬。

这个故事很明白地告诉我们：要把企业当成自己的家，把公司的事当做自己的事来做，这样不仅会让公司走向发展和兴旺，而且还能让自己获得锻炼的机会，使自己更快地成才，使自己真正地成为一名优秀的员工。

而现实中，很多员工做事都是抱着为了雇主而做的心态，认为"你出钱，我出力"，自己做好自己的分内工作就行了。其实不然，因为我们不仅能从工作中获得报酬，还可以从工作中学到比别人多的经验，而这些经验便是你向上发展的基石，就算你以后从事不同行业，你的经验积累也必然会为你带来助力，以不断强化你的核心竞争力。因此，如果你很敬业，如果你能以老板的心态对待工作，那么无论你从事何种行业都容易成功。

我们主张员工要以老板的心态对待工作，并不是让你不顾实际、时时处处都以老板的标准来要求自己，而是在强调一种积极主动而又负责任的意识，而这种意识将会让你获益匪浅。

职场中老板是为自己而工作的人，他是要为企业创造业绩，同时也要对自己负责。如果你有为自己工作的心态，你也具备老板的素质。如果你的心态是在为别人工作，必须靠别人的监管控制才肯努力工作，那你注定一辈子是个打工者。怎样才能具备这种心态呢？

1. 为自己打工。如果你把公司当做是自己实现抱负的平台，那么，你就已经是公司的老板。因为你已经和公司融为一体了，你的每一分努力都不会白费。

2. 把老板的事业当成自己的事业。以老板的心态对待工作，就要像老板一样，把公司的事业当成是自己的事业。有了老板的心态，你就会成为一个值得信赖的人，一个老板乐于接受的人，从而也是一个可托付大事的人。

3. 抛弃打工心态。长期的打工心态淡化了人的责任感，固化了人的工作思维，扼杀了人的创新思维，没有成本观念和质量意识，缺乏长远规划。最为关键的是，给别人打工的时间越久，看问题的视角就越悲观，总是站在受害人的角度思考问题，只能使自己越来越自卑。

4. 能力比薪酬重要。有了能力的依托，你才能选择发展能力的更大空间，眼睛里只盯着工资高低的人往往忽视了自己能力的提升，这种舍本逐末的行为，最终会在频繁的跳槽之中荒废了自己的能力，也得不到自己获得高薪的筹码。

5. 像老板一样思考和行动。你若具备了老板的心态，你就会考虑公司的成长，考虑公司的费用，你会感觉到公司的事情就是自己的事情。你就知道什么是自己应该去做的，什么是自己不应该做的。

第三章
勤于实践：掌握必要的工作技能

　　每一个优秀员工都明白，无论你从事什么职业，都要自己掌握一些必要的工作技能，在你主动提高自己的工作技能时，你更清楚，自己这样做并不是为了获得金钱上的报酬，而是为了使自己更长久地发展，是为了让自己能够胜任这个职位。而且，只有多掌握一些必要的劳动技能，才能在自己所选择的事业上有所成就，不断超越，最终成为一位杰出的人物。大凡那些有成就的人，他们离开办公室的时间都很晚，在工作时间之外努力训练自己的工作技能。这种额外的付出，让他们在工作中游刃有余，从容自若。

1

学会撰写工作计划

　　职场上,工作计划是行政活动中经常使用的一种重要公文,使用范围很广,每一个员工都要学会撰写自己的工作计划。机关、团体、企事业单位的各级机构,都要制订工作计划,以便对一定时期的工作做出打算和安排。作为员工,制订工作计划是工作过程中不可避免的一个环节。制订出色的工作计划,也是成为优秀员工的必要技能之一。

　　为什么要写工作计划呢? 因为计划是提高工作效率的有效手段。你如果是消极地工作,经常在灾难和错误已经发生后再赶快处理,于是弄得总是手忙脚乱,甚至束手无策,这就是没有工作计划造成的恶果;你如果积极地工作,你就会提前撰写工作计划,预见灾难和错误,并消除错误。

　　可以这样说,写工作计划实际上就是对我们自己工作的一次盘点。让自己做到清清楚楚、明明白白。计划是我们走向优秀的起点。

　　现代职场,个人的发展要讲长远的职业规划,在员工的日常工作中,制订工作计划是必要的。

　　某公司总经理在中高层干部的例会上问大家:“有谁了解就业部的工作?”现场顿时鸦雀无声,没有人回答。几秒钟后,才有一位片区负责人举起手来,然后又有一位部门负责人迟疑地举了一下手。总经理接着又问大家:“又有谁了解咨询部的工作”,这一次没有人回答;接连再问了几个部门,还是没有人回答。现场陷入了沉默,大家都在思考:为什么企业会出现那么多的问题。

　　这时,总经理说话了:“为什么我们的工作会出现那么多问题，为什么我们会抱怨其他部门，为什么我们对领导有意见………"停顿片刻，"因为……我们的工作是无形的，谁都不知道对方在做什么，平级之间不知道，上下级之间也不知道，领导也不知道，这样能把工作做好吗？能没有问题吗？显然不可能。问题是必然会发生的。所以我们需要把我们的工作'化无形为有形'，如何化，工作计划就是一种很好的工具！"。参加了这次例会的人，听了这番话没有不深深被触动的。

有了工作计划，我们不需要再等主管或领导的吩咐，只是在某些需要决策的事情上请示主管或领导就可以了。我们可以做到整体的统筹安排，个人的工作效率自然也就提高了。通过工作计划变个人驱动为系统驱动的管理模式，这是企业成长的必经之路。

那么，优秀员工要怎样写好工作计划呢？

其实，工作计划不是写出来的，而是做出来的。计划的内容远比形式来得重要。我们拒绝华丽的辞藻，欢迎实实在在的内容。简单、清楚、可操作是工作计划要达到的基本要求。

如何才能做出一分良好的工作计划？有人总结出"四个要素"，值得每一个员工借鉴：

（1）工作内容（做什么：What）

（2）工作方法（怎么做：How）

（3）工作分工（谁来做：Who）

（4）工作进度（什么时候做完：When）

缺少其中任何一个要素，那么这个工作计划就是不完整的、不可操作的，最后就会走入形式主义，陷入为了写计划而写计划，丧失写计划的目的，在企业里难免就会出现"没什么必要写计划"的声音，我们改变自己的努力就可能会走入失败。

工作计划写出来，目的就是要执行。执行可不是人们通常所认为的"我的方案已经拿出来了，执行是执行人员的事情，出了问题也是执行人员自身的水平问题"。执行不力，或者无法执行跟方案其实有很大关系。如果一开始，我们不了解现实情况，没有去做足够的调查和了解，那么这个方案先天就会给其后的执行埋下隐患。同样的道理，我们的计划能不能真正得到贯彻执行，不仅仅是执行人员的问题，也是写计划的人的问题。

首先,要调查实际情况,根据本部门结合企业现实情况,做出的计划才会被很好执行。

其次,各部门每月的工作计划应该拿到例会上进行公开讨论。目的有两个:其一,是通过每个人的智慧检查方案的可行性;其二,每个部门的工作难免会涉及其他部门,通过讨论赢得上级支持和同级其他部门的协作。

另外,工作计划应该是可以调整的。当工作计划的执行偏离或违背了我们的目的时,需要对其做出调整,不能为了计划而计划。

还有,在工作计划的执行过程中,部门主管要经常跟踪检查执行情况和进度。发现问题时,就地解决并继续前进。中层干部既是管理人员,同时还是一个执行人员,不应该仅仅只是做所谓的方向和原则的管理而不深入问题和现场。

古代军事家孙武曾说:"用兵之道,以计为首。"这里的"计"指的便是"计划"。优秀员工都善于制订合适的工作计划,从而达到效率最大化。有了工作计划,工作就有了明确的目标和具体的步骤,可以增强工作的主动性,减少盲目性,促进工作有条不紊地进行。良好的工作计划对员工自身具有较强的监督约束作用,能够指导工作、推动工作,提高工作效率。

2

做好会议记录

会议记录是会议文书之一。机关、企业、事业单位等,各种会议都离不开会议记录。作为公司员工,学会做一份好的会议记录是一个必要的工作技能。

会议记录,一般是如实记录会议的基本情况、会议中的报告、讲话、发言、决定、决议、议程以及各方面的意见等内容的一种重要的应用文。会议记录的作用,有以下四点：

(1)重要依据。会议记录可作为研究和总结会议的重要依据。凡属大型会议,后期总要总结,有时"工作报告"和"讲话"等还要根据各组讨论的意见进行修改,这一切的重要依据,都是会议上的各种"记录"。同时,会议记录还可以作为日后分析、研究、处理有关问题时提供参照依据。

(2)通报信息。会议记录有的可作为文件传达,以使有关人员贯彻会议精神和决议;有的可以向上级汇报,通报信息,使上级机关了解有关决议、指示的执行情况。

(3)参考资料。会议记录是编写会议纪要和会议简报的基础,是重要的参考资料。

(4)档案凭证。会议记录是重要的档案资料,在编史修志、查证组织沿革、干部考核使用以及落实政策、核实历史事实等方面,起着无可替代的凭证作用。

会议记录根据不同的标准,可以分为不同的种类。会议记录的分类不在记录上,而在会议的种类上。常见的分类方法有以下四种：按性质分,有党委会议记录、群众团体会议记录、企业、事业行政会议记录等;按内容分,有工作会议记录、座谈会议记录等;按范围分,有大会会议记录、小组会议记录等;按记录方法分,有摘要会议记录、详细会议记录等。

会议记录具有原始性和凭据性的特点,原始性是指按会议发展顺序,将发言人的讲话内容、研究认定的问题,如实记录下来,一般不许加工、整理。凭据性是指会议记录是会议原始情况的真实记录,是会议查对情况的真实凭据。

撰写会议记录要按会议记录的写作格式写作。同时,要注意按会议记录写作要求来写好会议记录。会议记录一般由标题、会议基本情况、会议内容、会议结尾四部分组成：

(1)标题。标题即会议的名称。一般写法是单位名称、会议事由(含届、次)和记录组成。如《××公司先进表彰会记录》。

(2)会议基本情况。这部分要写清开会时间和会议地点,出席人、缺席人和列席人,包括不属于本次会议的正式成员,但与会议有关的各方面人员;主持人,写明主持人的姓名、职务;记录人,写上记录者的姓名,必要时注明其职务,以示对所作记录的内容负责。上述内容,要在会议召开之前写好,不可遗漏;倘若会议记录要在报纸上公开发表,则可删去。

(3)会议内容。主要写会议议程、议题、讨论过程、发言内容、会议决议等。这一部分是了解会议意图的主要依据,是会议成果的综合反映,是日后备查的重要部分,要着重记录。

(4)结尾。会议记录没有固定的格式。一般要另起一行,空两格写"散会"字样。在会议记录的右下方,由会议主持和记录人签名,以示负责。

会议记录的写作要求,主要有以下三点:

(1)做好准备工作。事先要了解会议的议程,以便于在记录过程中注意各有关方面的关系,将一些事宜有机地联系起来,加快记录的速度,记准、记全。会议记录是原始凭证,所以贵在准确、齐全。采用速记和录音的办法,也是保证"记录"准确、齐全的有效方法。

(2)记录方法。会议记录既可采用符号速记,也可采用文字记录。重要会议、重要领导人讲话可速记。一般会议,可使用文字摘要记录的方法。

(3)注意整理。通常情况下,现场记录是原始记录,一般需要整理。整理的要求是,在原始记录的基础上增补遗漏、纠正错误、核实决议,纠正语法错误,合理划定段落。

3

及时汇报工作

作为一名公司员工,多向领导汇报工作是尊重领导、关心单位的重要方式。对上司来说,判断下属是否尊重他的一个重要因素,就是下属是否经常向他请示、汇报工作。如果你不来汇报或不敢来汇报,有些上司就会做出各种猜测：下属是否在这段时间内偷懒，没有完成工作；下属是不是根本就没把他这个领导放在眼里等等。对于这种上司，下属应该勤于汇报工作，哪怕你只是完成了整个工作的一小部分。如果不经常请示汇报工作，还会埋没你的成绩。

经常请示汇报工作，让上司知道你干了什么，效果如何，这样还可以显示出你对他的尊重。如果遇到困难和麻烦，上司还可在人力、物力上支持你，比你闷着头干要强上千百倍。

一个优秀的员工必然是一个善于汇报工作的人，因为在汇报工作的过程中，他能得到领导对他最及时的指导，更快地成长，也因为在汇报工作的过程中，他能够与主管建立起牢固的信任关系。那么，在我们的工作中，如何才能协调好上下级关系，及时向上级汇报我们的成绩？或者我们应当怎样向上级汇报工作？

首先，在汇报的内容方面要汇报领导所关心的工作。领导的时间是有限的，许多你能力范围内可以处理的陈芝麻烂谷子、程序既定的工作，处理了就处理了。如事无巨细，统统汇报，也有邀功之嫌。

其次，汇报工作最重要的是提出解决问题的方案而不是简单地提出问题。要记住，汇报问题的实质是求得领导对你的方案的批准，而不是问你的上司如何解决这个问题，否则事事上司拿主意，要下属还有什么意义呢。

另外，汇报要注意合适的时机，这是不言而喻的，最好给主管建立一个自己会定期汇报的预期，使每次的汇报程序化，从而减少突兀的感觉。

1. 完成工作时，立即向上司汇报；

2. 工作进行到一定程度，必向上司汇报；

3. 预料工作会拖延时，要及时向上司汇报。

只有这样，才能最大程度地得到上司的信任与倚重，从而打开事业之门。

在公司，每一个人都担着不可缺少的角色，领导的职责是考核你做事的结果如何，在这样的氛围中学会向领导汇报工作尤为重要。

汇报工作时还要注意：

1. 做好充分的准备，保证资料的准确程度。

2. 汇报时，简单明快，要突出重点。

3. 要给领导留下提问的空间,以他的发问消除疑虑。

4. 汇报时要有理有据、充满理性与活力,任何一个领导都不喜欢看一个精神不饱满的下属。

5. 提供问题的观点让领导做出判断与选择。

主动汇报工作的人更容易受到老板的青睐。从下面这个案例中我们可以看出及时汇报工作的重要性。

某公司经理手下有两个助手,小王和小吴。二人同时进公司,分管不同的业务。他们的工作能力都很强,也都很敬业,但半年后,老板找小吴的时候越来越多,找小王的时候越来越少,特别是重要的工作,几乎都找小吴商量并执行。小王心里很不是滋味,就找办公室胡主任诉苦。

胡主任告诉小王,其实老板对你们俩人都很器重。你们俩人的能力不相上下,各有千秋。但是有一点,你是比不上小吴的,那就是工作方式。

看着小王迷惑的目光,胡主任说:"每次老板给小吴任务,小吴也和你一样认真,但他一完成任务就立即向老板汇报情况。对于重要的工作,他每完成一步,都要向老板汇报工作的进展情况,哪怕是简单的几句话,而你每次都是等着老板来追问你情况时你才说。老板负责全公司工作,千头万绪,如果大家都等着老板问时才汇报,他还怎么开展工作呀?你设身处地地想一想,就不难明白老板为什么爱找小吴,而不常找你商量事情的原因了吧。其实很简单,小吴是主动工作,你是被动工作。两种方式,但效果可大不一样哟。"

小王这才恍然大悟。从此以后,他处处小心改正自己的不足,凡事主动请缨,主动汇报,渐渐重新获得了老板的器重。

其实,及时、主动地向老板汇报工作的进展也能帮助你工作的完成。或许很多时候你确实是有所成就,只是不愿意时时向老板汇报,但大部分时候往往是你工作遇到了障碍,没办法突破。这时候,如果你能向老板及时地汇报工作进展,可能老板会给你一些建议和帮助,这或许能够为你的工作打破僵局,使你的工作变得顺利。

汇报工作时还要注意以下几点:

在正式向领导汇报工作时，一定要随身带个笔记本，汇报时领导需要你补充的部分或者修正的部分可以随时记下来，非正式场合向领导汇报时要记下领导的关键指示，以便在工作中有所体现；

平时做个有心人，把领导关心的方面方方面面的信息做个搜集，在汇报的时候领导问起来可以随问随答，不过要是领导问起来不知道的，也要记在本子上，这样显得很重视；

在汇报内容里面的关键部分一定要空着给领导填，作为下属要提供充足的背景信息和方案，但是关键点的地方还是由领导来决定；

另外，向领导汇报要择时择机，把握领导的沟通方式，注意汇报的情境，要体现工作的主动性，尤其是自己不易把控的局面出现时一定要向领导报告（千万不能自说自话）；

在汇报工作前自己必须要对工作有深刻的认识，不要只说成绩，要对平时工作中的问题及时发现，并在汇报同时说明情况，自己的想法和意见以及计划解决的方法，不能只提问题不提想法，不能把问题抛给上级。

4

即兴演讲提升应变力

在职场上，在工作中，处处都充满了即兴演讲，只是形式不拘一格罢了。比如你给客户做的展示是演讲，在会议中的发言是演讲，谈判中你的阐述同样也是演讲，可以说演讲无处不在。因此，做一名优秀员工，会说话会演讲也是必备的工作技能。

问题是大多数员工都没有掌握演讲的技巧，他们有一肚子的话要说，但是说了半天人家却不得要领，不知道你最终要表达的是什么意思。更有甚者张嘴之后，没多久就跑题，再听一会就不知道扯到哪里去了。

好的演讲有很多标准，比如说幽默、有故事性等。如果你感兴趣，可以专门搜索一下演讲的资料,自学一下。但如果你达不到更高的标准,请一定要记住,务必保证自己说话的逻辑性,如果逻辑不清,往往容易被人看轻。

工作日久,你会发现演讲的重要性,如果你掌握了演讲的技巧,你的工作一定会如虎添翼。在国外,大学中有专门的课程讲述演讲的技巧,很多学生都很看重这门课,他们认为这是一个成功人士必备的素质。因为工作不光是干出来的,有时候还得靠说。

在工作中,所谓即兴演讲,既要即兴发挥,又要讲得"兴"味十足,这才能吸引听众,激发听众的兴趣。那么,如何让即兴演讲"兴"味十足呢?

(1)投其所好

即兴演讲一般常在小规模、小范围内进行,主题较单一,针对性也强,这样就更需要了解听众的口味,捕捉听众的心理。只有做到见什么人说什么话,投其所好,才能触发听众的兴奋点,增加演讲的"磁性"。比如,在中国人民的老朋友——美国记者安娜·路易斯·斯特朗八十诞辰的庆祝会上,周总理就巧妙抓住西方女士喜欢别人说她们年龄小的特点,并与中国称"斤、里"时比"公斤、公里"数值小一半的情况联系起来,于是就笑着要大家为斯特朗的四十"公岁"举杯庆贺。满座来宾听后皆捧腹大笑,斯特朗则笑出了眼泪。周总理演讲一开始便让人感到兴趣盎然,从而取得了成功。

(2)顺手牵羊

这个成语本来比喻顺便拿走人家的东西,在即兴演讲中则指把别人刚说过的话(或主旨)顺手牵来归为己用,舀他人池中之水,兴自己湖中之波,既方便,又有趣。只要用得自然巧妙就可为自己的演讲增光添彩。

1948年,郭沫若在萧红墓前即兴演讲时就采用了这一招。他简单谈了"五分钟演讲"之困难后,就顺手"拿来"另一位演讲者的话:"我听了刚才×先生的2分钟演讲,太漂亮了!他说,人民的作家萧红女士,一生为人民解放事业奔走,到头来死在这南国的海边,伙伴们把她埋在这浅水湾上。今天,围绕在她周围的都是年轻人,今后的日子里不知有多少年轻人来围绕着她。朋友们!我们是年轻人,我们没有悲伤,我们没有感慨,请大家向萧红女士鼓掌。太好了,我的5分钟演讲只好改变计划了,让我把年轻引中来说一下吧。"他的话立即使气氛变得轻松活跃起来。

本是重复他人，却说出了自己想说的意思；本是"投机取巧"，却显得机智风趣。既赞扬了别人，又为自己演讲起了兴助了兴，真可谓顺手牵羊，一举两得。

（3）自我解嘲

在即兴演讲中，演讲者如能适时、适度地自我解嘲"歪曲"一下自己，是有高度智慧和教养的表现。演讲者可以此获得幽默，来"润滑"演讲者与听众的关系，增加演讲的趣味。

1930年2月9日，蔡元培70岁生日，上海各界人士在国际饭店为他设宴祝寿，他在答谢时风趣洒脱地说："诸位来为我祝寿，总不外要我多做几年事。我活到了70岁，就觉得过去69年都做错了。要我再活几年，无非要我再做几年错事喽。"宾客一听，哄堂大笑，整个宴会充满了欢声笑语。试想，如果他摆出一副严肃相，一本正经地致答谢辞，就不会造成这样轻松愉悦的气氛。

（4）暗度陈仓

"明修栈道，暗度陈仓"是作战时正面迷惑敌人，然后从侧面突然袭击的一种战略。在即兴演讲中表现出的特点是，表面上即兴驱遣，谈与正题无关的事，实际上是在为"挂挡"起步到正题上作铺垫"滑行"。

（5）随机应变

即兴演讲常常是由于某种特定的场景、特殊的环境所引起的。场景环境的刺激触发了演讲者，使之产生了"不吐不快"的欲望。然而有些人只要兴致一来便忘乎所以，一"发挥"便如黄河决了口再也收不住。俗话说，识时务者为俊杰，演讲者如果不会见风使舵，随机应变，就是有口才，也只能令人生厌，让听众"腻味"。

（6）对比映衬

1991年11月，李雪健因主演《焦裕禄》的主角焦裕禄，而同时获得"金鸡奖"和"百花奖"两个大奖，他在答谢时没有用别人常说的毫无新意的套话，只是诚挚地说："苦和累都让一个大好人——焦裕禄受了，名和利都让一个傻小子李雪健得了。"他的话刚停,全场掌声雷动。

他的演讲不仅让人"开胃"、开心,而且让人了解了他的人格,对他生出了几分敬佩。他的演讲同他的形象一样印在听众心中了。

5

掌握接打电话的技巧

现代社会,各种高科技手段拉近了人与人之间的距离,即使远隔天涯,也可以通过现代通讯技术近若比邻。事实上,职场工作和沟通中借用最多的工具就是电话。要想让职场之路顺畅,学习和掌握基本的电话沟通技巧是很有必要的。

很多职场人都有过这样的感觉,本来想得好好的一件事,拿起电话却不知道如何去表达,尴尬不已。如果是跟朋友打电话犯点这样的错误也没什么大的问题,可是如果是工作,这样就是一种极不专业的表现了。那么作为员工,我们接打电话时应该要注意哪些问题呢?

当你给他人打电话时,你应调整好自己的思路,当你的电话铃响起之时,你应该尽快集中自己的精力,暂时放下手头正在做的事情,以便你的大脑能够清晰地处理电话带来的信息或商务。当然,上述过程应该迅速完成,如果你让电话铃响得时间过长,对方会挂断电话,你便会失去得到信息或生意的机会。以下几点是你在接电话时可以参考和借鉴的技巧。

(1)声音代表企业形象

当我们打电话给某单位,若一接通,就能听到对方亲切、优美的招呼声,心里一定会很愉快,使双方对话能顺利展开,对该单位有了较好的印象。在电话中只要稍微注意一下自己的行为就会给对方留下完全不同的印象。同样说"您好,这里是××公司",但声音清晰、悦耳、吐字清脆与否,给对方留下的印象是完全不一样的。因此要记住,接电话时,应有"我代表企业形象"的意识。

（2）保持良好的心情

打电话时我们要保持良好的心情，这样即使对方看不见你，但是也会被你欢快的语调所感染，对你留下极佳的印象。面部表情会影响声音的变化，所以即使是在电话中，也要抱着"对方看着我"的心态去应对。

（3）端正自己的坐姿

打电话过程中绝对不能吸烟、喝茶、吃零食，即使是懒散的姿势对方也能够"听"得出来。如果你打电话的时候，弯着腰躺在椅子上，对方听你的声音就是懒散的，无精打采的；若坐姿端正，所发出的声音也会亲切悦耳，充满活力。因此打电话时，即使看不见对方，也要当作对方就在眼前，尽可能注意自己的姿势。

（4）迅速准确地接听

现代工作人员业务繁忙，桌上往往会有两三部电话，听到电话铃声，应准确迅速地拿起听筒，最好在三声之内接听。电话铃响一声大约3秒钟，若长时间无人接电话，或让对方久等是很不礼貌的，对方在等待时心里会十分急躁，对你的单位留下不好的印象。即便电话离自己很远，而附近也没有其他人时，听到电话铃声后，我们应该用最快的速度拿起听筒，这样的态度是每个人都应该拥有的，这样的习惯是每个办公室工作人员都应该养成的。如果电话铃响了五声才拿起话筒，应该先向对方道歉，若电话响了许久，接起电话只是"喂"了一声，对方会十分不满，会给对方留下不好的印象。

（5）自报家门

一拿起电话就应清晰说出自己的全名，有时也有必要说出自己所在单位的名称。同样，一旦对方说出其姓名，你可以在谈话中不时地称呼对方的姓名。

（6）认真清楚地记录

牢记5W1H技巧。所谓5W1H是指：When（何时）、Who（何人）、Where（何地）、What（何事）、Why（为什么）和How（如何进行）。在工作中这些资料都是十分重要的，对打电话、接电话具有相同的重要性。电话记录既要简洁又要完备，这有赖于5W1H技巧。

平时在手边放有纸和铅笔，随时记下你所听到的信息。如果你没做好准备,而不得不请求对方重复,这样会使对方感到你心不在焉、没有认真听他说话。

(7)了解来电的目的

上班时间打来的电话几乎都与工作有关,公司的每个电话都十分重要,不可敷衍,即使对方要找的人不在,也切忌只说"不在"就把电话挂了。接电话时也要尽可能地问清事由,避免误事。我们首先应了解对方来电的目的,即便自己无法处理,也应认真记录下来,委婉地探求对方来电目的,不但可以不误事而且赢得对方的好感。

(8)挂电话前的礼貌

要结束电话交谈时,一般应当由打电话的一方提出,然后彼此客气地道别,说一声"再见",再挂电话,不可只管自己讲完就挂断电话。

6

像老板一样做事有条理

职场上,在相同的时间,办事有条理的人比那些没有任何条理和章法的人,肯定能完成更多的工作,并且这样的工作方式也会得到老板的欣赏和赞同。如果没有条理,不仅会让人怀疑你的工作能力,还会使老板感到厌烦和难以忍受。

那些工作有条理的人工作时,一点也不觉得累,工作对他们而言是一种享受。没有条理,办事没有秩序的人,无论做哪一种事业都没有功效可言,而有条理,有秩序的人即使才能平庸,他的事业也往往有相当大的成就。

做事是否有条理是判断一个人做事严谨程度的标尺。能力再强的人,如果做工作没有秩序,开始就埋头于工作中,势必会把工作弄得一团糟。条理分明能提高工作效率,使你不但掌握自己的生活,也会有更多的休闲时间。很多商界名家都将做事没有条理列为公司失败的一个重要原因。

相信每个老板都会希望自己的员工是一个条理清晰的人，那样不仅会提高工作的效率，而且让人感觉到舒心和镇定。每一个员工要想在职场得到老板的喜欢，就必须改造自己，像老板一样做事有条理，只有这样，才能让人喜欢你，同时对自己的工作和未来大有裨益。

有一位企业家，他从来不显出忙碌的样子，做事非常镇静，总是很平静祥和。别人不论有什么难事和他商谈，他总是彬彬有礼。在他的公司里，各样东西安放得有条不紊，各种事务安排得恰到好处。所以，尽管他经营的公司规模很大，但别人从外表上总看不出他有一丝一毫的慌乱。他做起事来件件办得清清楚楚，他那富有条理、讲求秩序的作风影响了全公司，每一名员工做起事来也像他一样极有秩序，一派生机盎然之象。

那么，优秀员工是怎样做到凡事有条理的呢？

(1)每天清晨把一天要做的事列出清单

如果你不是按照做事顺序去做事情的话，那么你的时间管理也不会是有效率的。在每一天的早上或是前一天晚上，把一天要做的事情列一个清单出来。这个清单包括公务和私事两类内容，把它们记录在纸上、工作簿上或其他地方。在一天的工作过程中，要经常地进行查阅。

(2)把接下来要完成的工作也同样记录在你的清单上

在完成了开始计划的工作后，把接下来要做的事情记录在你的每日清单上面。如果你清单上内容已经满了，或是某项工作可以改天来做，那么你可以把它算作明天或后天的工作计划。

(3)对当天没有完成的工作进行重新安排

现在你有了一个每日的工作计划，而且也加进了当天要完成的新的工作任务。那么，对一天下来那些没完成的工作项目将做何处置呢？你可以选择将它们顺延至第二天，添加到你明天的工作安排清单中来，但是，希望你不要成为一个做事拖拉的人，每天总会有干不完的事情，这样，每天的任务清单都会比前一天有所膨胀。如果的确事情重要，没问题，转天做完它。如果没有那么重要，你可以和与这件事有关的人讲清楚你没完成的原因。

（4）把未来某一时间要完成的工作记录下来

你的记事清单不可能帮助提醒你去完成在未来某一时间要完成的工作，比如，你告诉你的同事，在两个月内你将和他一起去完成某项工作。这时你就需要有一个办法记住这件事，并在未来某个时间提醒你。其实为了保险起见，你可以使用多个提醒方法，一旦一个没起作用，另一个还会提醒你。

（5）专做每件事所需要的文件材料放在一个固定的地方

随着时间的过去，你可能会完成很多工作任务，这就要注意保持每件事的有序和完整。一般把与某一件事有关的所有东西放在一起，这样当需要查找起来非常方便。当彻底完成了一项工作时，把这些东西集体转移到另一个地方。

（6）清理你用不着的文件材料

把新用完的工作文件放在抽屉的最前端，当抽屉被装满的时候，清除在抽屉最后面的文件。换句话说，保持有一个抽屉的文件，总量不会超出这个范围。有的人会把所有的文件都保留着，这些没完没了的文件材料最后会成为无人问津的废纸，很多文件可能都不会被人用到。

有句谚语说得好："喜欢条理吧，它能保护你的时间和精力。"员工选择有条理地工作，就能创造高效，就能收获乐趣，就能成为优秀的员工。那些每天为了效率而疲于奔命的人因为生活和工作没有条理，高效和快乐也就离他们越来越远。

7

打破常规，富有创意

宋代司马光砸缸的故事可谓人尽皆知，然而人们更多的是称赞他的

机智，却忽略他打破常规的思维方式。设想，倘若司马光陷入常规思想的
枷锁，掉入水缸里的孩子极有可能已被淹死，在此时似乎凭己之力难以解
决的当口，唯有打破常规，才有可能化险为夷，扭转乾坤。

进化论的创始者达尔文也是一个具有创造精神的人，也正因为他打
破常规思维，才得以名垂千古。在当时教会占统治地位，人们深信上帝不
疑之时，他却敢于从科学的角度阐述了自己独特的观点，终于成为生物界
发展的主流。

有一个笑话说，曾有一位客户要求别人让肚脐眼长在眼睛
的上面，才答应买他的商品。面对这一要求，经理显得束手无
策。此时，一位职员对经理说："做个倒立给他看看。"这看似不
能做到的事，却被职员的打破常规的思维给解决了。虽说思维
有其规律可循，但打破常规进行思维，本身就是一条特殊的思维
规律，是创新型人才不可缺少的特质。

在职场上，一旦学会了打破常规进行思维，你就会迎来一片崭新的
天地。

世事变幻无常，没有人能够总是一帆风顺地过上一辈子，所以那些已
经取得了成功的人的一个重大发现之一就是：在通往成功的路途，必须要
能适时地灵活变通，从成规中将自己解脱出来，否则通往成功的路途也会
崎岖难行。

打破常规就是打开自己的思维枷锁，冲破自己的思维模式。当我们
面临新情况、新问题而需要开拓创新的时候，这种模式总会让我们做事的
思维拘泥于条条框框，它就是一只"拦路虎"。

小李大学毕业后，到了一家公司从事产品推销工作，虽然推
销和他所学的专业不对口，但他对推销工作热情很高，总是想方
设法地用心去完成任务。到了年底，小李超额完成了任务，被公
司评为"先进个人"。公司领导为了鼓励先进，破格将小李从推
销员提升为科长。几位同学怎么也想不明白，大家一块进了这
家公司，在同一条起跑线上，又从事同一种推销工作，为什么小
李会有如此骄人的成绩呢？这其中有什么秘诀呢？

后来人们才发现，原来小李推销产品和别人的思维方式不

一样,在别人看来小李的方法既愚笨又可笑,可小李不那么认为,他想,循规蹈矩的方法人们习以为常,收效甚微。他要用自己愚笨的方法去打动别人,事实证明小李的做法是成功的,最后很多商家和小李成了长期的合作伙伴。

那么小李到底是怎么做的呢?刚开始小李和大家的做法一样,整天拿一张价目表到处寻找商家,几乎都被好言谢绝了。他不甘心失败,在心里一直苦苦地思索一个问题,怎样才能打动商家,让他们接纳自己呢?后来,一个想法在他的脑海里出现了,他借了一辆人力三轮车,将自己所推销的产品装在车上,每到一个商家,不管三七二十一,他将自己的产品往里搬,商家感到莫名其妙,没有人订货呀!是不是送错地方了?可小李振振有词:这是我们公司生产的产品,我是做推销工作的,你是否需要我们的产品?有时候商家想拒绝他,可又不忍心看到他搬东西满头大汗的样子,于是,或多或少地要了一点他的产品,时间长了,这位商家认可了小李这个人,以后的供货商就他了。小李用同样的办法打动了众多的商家,他的产品销量直线上升,最后小李成了名副其实的供货商。

看似愚笨的方法,往往被人们所忽视,殊不知这里边包含了许多商机,小李就是一个成功的例子。如果说,他一直循规蹈矩,那么他也只会是一个平庸者,问题的关键是,小李打破了自己的思维枷锁,用另一种方法让别人接受了他,最终使他成功了。

现实生活中,人们之所以平庸或者失败,是因为人们被常规的思维枷锁所束缚,使自己裹足不前。

有一个修锁匠叫坎贝尔,他有一手绝活,能在短时间内打开无论多么复杂的锁,从未失手。他曾夸口说,在 1 小时之内,可以从任何锁中挣脱出来,条件是让他带着特制的工具进去。

有一个小镇的居民,决定打击坎贝尔的气焰,有意让他难堪一回。他们特别打制了一个坚固的铁牢,配上一把看上去非常复杂的大锁,请坎贝尔来看看能否从这里出去。

坎贝尔想都没有想就接受了这个挑战。走进铁牢后,坎贝尔取出自己特制的工具，开始工作。半小时过去了，坎贝尔用耳朵紧贴着锁，专注地工作着；45分钟，一个小时过去了，坎贝尔没有像他先前所说的那样能从锁中挣脱出来，相反，他的头上开始冒汗，因为他从来没有如此狼狈过。两个小时过去了，坎贝尔依旧没有打开这把锁。他筋疲力尽地将身体依靠在门上坐下来，结果牢门却顺势而开。这是怎么回事？原来，小镇居民根本没有将这个牢门上锁，那把看似很厉害的锁也只是一个摆设而已。

小镇居民成功地捉弄了自负的坎贝尔。

坎贝尔为什么被小镇居民捉弄？就在于他只想到那把看上去非常复杂的锁。他固定的思维告诉他，只要是锁，就一定是锁上的。其实，门没有上锁，只是坎贝尔大脑上了锁。

看见猫懒洋洋地晒太阳，人们都毫不在意地走开了，有的甚至露出羡慕的神情，只有斐塞司博士受到了启发发明了日光疗法，从而获得了诺贝尔医学奖，享誉中外。同样，苹果落地很正常，砸到人更寻常，虽然苹果砸了无数人，可是只是砸了牛顿才有了万有引力定律。

许多人常抱怨自己能力不够，干不了大事，是真的能力不够吗？同样是大学毕业为什么有的人会有所成就？有的甚至只是小学毕业，却同样获得不小的成功？据心理学家研究发现，人们所使用的能力只有我们所具备能力的2%到5%，之所以取得成功，最大的原因就在于，他们提倡打破常规的创造性思维，对他们来说这正是打开成功之门的一把金钥匙。

美国著名管理专家彼德杜拉克有句名言："不创新，就死亡。"可见，创新是企业自下而上发展的第一内在动力。在经济全球化的今天，创新更是企业能否参与国际竞争的身份证。凡事不必循规蹈矩，获得幸运和成功往往需要打破常规的束缚。

8

掌握一门特殊的本领

职场上有一句俗语:"要与鲨鱼同游。"这所谓"鲨鱼",就是指那些有能力有本事的人。虽然说要与有能力的人共事,但光看别人是不行的,关键是自己要掌握特殊的本领,至少要掌握一门特殊的本领,这样才不至于被鲨鱼吃掉。

战国时,齐宣王很喜欢听人吹一种叫"竽"的乐器,而且还特别喜欢听"合奏"。为此,他养了一支300人的吹竽大型乐队。而在这些人当中,有一个叫"南郭先生"的人,他并不会吹竽,但却每天装模作样的,好像很会吹似的,就这样在一天天地混日子。

后来,齐宣王死了,他儿子接位做了新国君。有意思的是,小齐王他也喜欢听吹竽,只是他与老齐王不同,他不喜欢听"合"奏,而是喜欢听"独"奏。于是,他下令要300个乐师一个一个来吹给他听。南郭先生一听,慌了神了,认为再也混不下去了,于是便趁人不备悄悄地溜走了。

这是古代文学家韩非子笔下的一个鲜活的故事,这位南郭先生的周围,可以说都是善于吹竽的能手,可是南郭先生为什么还吓跑了呢?因为他没有真本事。

这个故事启发我们,一个人要立身处世,必须要有真才实学,要有点"真本事"。混日子的思想,是行不通的。因为你靠欺骗手段行事,可以骗得人一时,却不能骗人一世。特别是像南郭先生这样的人,是靠某个人的爱好以及制度上的不完善,才得以蒙混过关的,就更加危险。因为只要有其中某一个方面发生变化,就必然会露出"马脚"来。因此,不学无术的人,悲惨的命运就是必然的。而要想从根本上解决问题,那就要从思想上彻底摒弃"混日子"的思想,从头开始,从自身做起,脚踏实地地学些真本事，长些真本事。

老一辈人一直教导我们，基础最重要，这基础就是一个人的本事、能力。一栋楼房最重要的不是装修和设计，而是地基，如果地基打得不牢，靠豆腐渣工程迟早是要塌的，是塌成七零八落还是整栋楼完整地躺下来，不过是塌掉的方式不同罢了，塌掉的结果就是一样的。

没有一条成功的道路是完全一样的，但是其原理都相差无几。比如郭德纲的本事是说相声，相声讲究说学逗唱，覆盖面很大，要求的内容本来就已经很多了。郭德纲在很多场合都强调过相声的基本功很重要，自己有什么才敢吆喝什么，郭德纲这四门功课的成绩，门外的笔者不予打分，但是大家对此都心中大致有数。虽然有人精益求精抑或吹毛求疵地认为他在某些方面比不上某某，但是至少及格没问题，良好也谈得上，再加上其中一两门优秀，他已经算出类拔萃了。

不过话说回来，也是老天垂帘，赐了他一副好嗓子，这一点无法否认。每个人的成功，都是由老天的恩赐和自身的努力合在一块的结果。因此，有人在一个行业里努力到死也没用。但是，任何天才离开了努力也枉然，不过是步仲永后尘。先天的优势和后天的努力，最终使分内的功课每一样都拿得出手。

所以，优秀员工都懂得，人就和钻石一样，多一门手艺，就多一个切面。当一个人只有一个切面的时候，钻石看起来和玻璃无异；而当切面多起来，钻石才能发出应有的光辉。

总之，想要与鲨鱼同游，若没有几下子真本事，你注定会被鲨鱼吃掉，更别谈成功了。职场上同样如此，做人切莫做南郭先生，身怀真本事是硬道理。

第四章

拓展人脉：让职场交往畅通无阻

人脉可以给一个人带来很多机遇，在当下，几乎没有人不知道人脉的潜台词就是财富。你的人脉好，你获得的信息就多，你拥有的发展平台就大，自然也就能拥有更多的机遇。虽然人脉不能当饭吃，也不能当钱花，但人脉中所潜在的力量却是巨大的。所以说，人脉是优秀的员工一生中最宝贵的无形资产，是让你职场交往畅通无阻最有力的保障。

1

能力在左，人脉在右

在人生道路上，很多人都知道怎么去做事，然而真正做成功的人并不多。成功与失败的原因就在于：有的人有人脉而无能力，有的人有能力而无人脉。

由此可知，一个人要想做一番事业，人脉和能力是不可或缺的，虽然有人说人脉比能力重要，但在事情的紧要关头，能力常常起着非同寻常的作用。因此说，能力是看家本领，人脉是秘密武器。能力重要，人脉也重要，两者互相倚靠，如同一个"人"字，缺一不可。能力强、人脉好，你就会"一分耕耘，十分收获"。没有能力，就不可能成功，但仅有能力要想成功是远远不够的；没有人脉，想取得成功会非常困难，成功需要能力，同时成功更需要人脉帮助。翻开历史你会发现，凡是走到事业顶端的佼佼者，他们无一不是能力强而且人脉好的人。

清代学者彭端淑在《为学》中写了这样一个故事：

四川的边境上有两个和尚，其中一个贫穷，另一个富有。一天，穷和尚对富和尚说："我要去南海，怎么样？"富和尚说："您靠什么去呢？"穷和尚说："我靠着一瓶、一钵就足够了。"富和尚说："我几年来想雇船而往，还没有能够去成。您凭什么这样就能去成呢？"

到了第二年，穷和尚从南海回来了，并将这事告诉了富和尚。富和尚显出了惭愧的神色。

"天下事有难易乎？为之，则难者亦易矣；不为，则易者亦难矣。"这是作者讲述这个故事要阐明的道理。

　　四川距离南海，不知道有几千里路，富和尚的人脉资源应该十分充足，却没有到达，可是穷和尚到达了。这就是说，成功的人在开始行动时，并不是具备了比别人更好的条件；相反，他们所能依托的条件往往还不如别人。唯一的差别是他们着手做了，具有行动能力。无论经历多少挫折和失败，他们都义无反顾地向前，因而就成为了一个成功的人。

　　可是，在生活中，总有许多人在等待，等待时机、等待条件……在此之前，是绝对不肯去行动的，因为困难太大。然而，正是因为这样，计划还没有开始就夭折了。很多年过去了，还是老样子。

　　当然，时代发展了，现代毕竟不同于古代。生活在现代社会中的人，没有人不知道人际关系的重要性。但遗憾的是，当整个社会都在谈人际关系的时候，反而没有真正的人际关系可言。因为很多时候，我们只是把人际关系当成了工作，与感情无关。当我们以交易的方式进行交际，我们得到的大都只是一场交易。所以，看似交际很多，但是泡沫更多，能把握住的很少，能引导成功的更少。

　　我们再看这个故事：

　　　　春水是一家著名房地产公司的市场部推广经理，她接触的客户大都是事业有成甚至颇有名气的人。按理说，这样的条件和环境，拓宽自己的人际圈，增加成功的几率应该是不费吹灰之力的事情。但实际与理论总是有差距的。

　　　　时间过了好几年，春水的名片盒里有大把交换来的名片，手机、笔记本电脑、记事本里都存满了各种客户的联络方式。在各种社交商务场所，她应酬得八面玲珑、不亦乐乎。看似热闹，但背后的孤独也许只有自己才知道。

　　　　除了工作上的联系，她在这座城市里的朋友并不多，甚至找男朋友都是一个难题。遇到事情需要帮忙的时候，抱着几大本名片，却实在想不出会有谁肯帮忙。

　　从春水的处境可看出，如果在交往中没有真心，所有繁忙的人际关系留下的也只是喧嚣背后的孤独无依。在某机构一次调查中，在 15068 个受访者中，87.5％的人有类似"熟人越来越多，朋友却越来越少"的感觉。也许，这就是现代人的悲哀。看似呼朋引伴，实则没有朋友。

　　当初柳传志与李泽楷仅握了握手，宣布了两人将在共同发展宽带互联网方面进行合作的消息,联想股价顿时翻了一番,一度高达70港元,市值冲到800亿港元,成为内地在港上市第一股。

然而,当实力不成正比的时候,如果我们不是柳传志,我们有机会去和李泽楷握手吗?没有梧桐树,哪来金凤凰?这和女孩子自己好才能嫁得好是一个道理。

所以说,人脉只是一个辅助的条件,自己本身的努力也很重要。如果自己不行,别人是没办法把我们扶起来的。

在现实工作中,大多数人的工作情况都是这样的:有本事就是有本事,没本事还是没本事,很难蒙混过关。老板最终看的还是结果,如果我们拿不出成绩的话,费尽心机弄多少人脉也是没有用的。企业靠的是业绩吃饭,跟老板关系再好,拿不出成绩的话也不能怪老板翻脸不认人。

当然,能力在左,人脉在右,仅有能力而没有良好的人脉也是难以走向成功的。在现在这个竞争的社会,如果有能力,若加上人脉,个人竞争力将是一分耕耘,数倍收获。比如,在当前一些快速成长的产业如高科技产业中,机会也很多,如果工程师们永远不打开另一扇门,不听听别的声音,不但自己可能面临技术落后,被时间淘汰的风险,也无法晋身管理阶层,更无从探知将技术、市场与行销各领域整合的乐趣,格局也将受到局限。

有人曾经问某公司董事长的成功经验,他故作神秘地问:"你要听大话?还是实话?"那人说,当然是后者。他不改幽默本色,故意夸张地把门关上,然后才说:"就是靠朋友。朋友越多,机会也越多。很多机会当初自己根本没想过,更没看到。"出身贫寒的董事长,是从小业务员做起的,凭他的学历及努力,竟然成就了今天的大业,确实谁也想不到。但他最大的优点是性格豪爽,很容易交到朋友,事实上他也正是靠朋友的介绍、引荐、扶持,一步一个脚印走过来的。他有两本总是随身携带的"通讯录",因为他的人脉网络遍及各领域,而且勤于维护,从不忽视。

也许你对此不以为然,你认为好像只有从事保险、营销、演艺、新闻等行业,或者是公司的领导阶层才需要重视人脉关系,实际上,在几乎所有的领域中,人脉竞争力都是一个重要的课题,对任何一个人来说都是如此。一个人能否成功,不在于你知道什么,而是在于你认识谁。卡内基训练专家黑幼龙先生指出,这句话并不是叫人不要培养专业知识,而是强调人脉是一个人通往财富、成功的门票。现在,你不妨静下心来想想看,你曾经有多少次因为不善于经营人脉,而与机遇女神擦肩而过?多少次因为不屑于利用人脉,而走了很多的弯路,承受了多少不必要的挫折和压力?

因此,优秀员工都深知人脉的重要性,都在提升能力的同时努力拓展人脉,精心编织自己的人脉网。

2

让陌生人都变成"熟面孔"

员工在建立人际关系网络时,最令人头疼的一件事,大概就是怎样自如地和陌生人交往。其实,与陌生人交往的最大障碍,不是别的,而是自己的"心理障碍"。只要你回忆一下别人主动与你交谈时的内心的激动就会明白:无论是认识别人还是被别人认识,都是令人愉快的事情。

你可能有过这种经历:在一个相互都不熟悉的聚会上,90%以上的人都在等待着别人来与自己打招呼,也许他们认为这样做是最容易也是最稳妥的。但其他不到10%的人则不然,他们通常会走到别人面前,一边主动伸出手来,一边做自我介绍。

主动向别人打招呼和表示友好的做法,会使对方产生"他乡遇故知"的美好感觉和心理上的信赖。如果一个人以主动热情的姿态走遍会场的每个角落,那么,他一定会成为这次聚会中最重要、最知名的人物。

有人说,大人物与小人物的最主要区别之一,就是大人物认识的人比小人物多得多。而大人物之所以能够认识更多的人,就是因为他们总是乐于和陌生人交往。从这一点上看,做一个大人物并不难,只要你能主动地把手伸给陌生人就可以了。

当你尝试着向陌生人伸过手去,并主动介绍自己时,你就会发现这比被动地站在那里要轻松、自在多了。一旦这种做法成为习惯,你就会变得更加洒脱自然,朋友越来越多,事业也越来越兴旺发达。

美国前总统罗斯福是一个善于和人交往的能手。在早年还没有被选为总统的时候,有一次参加宴会,他看见席间坐着许多不认识的人。如何使这些陌生人都成为自己的朋友呢?他稍加思索,便想到了一个好办法。

罗斯福找到了自己熟悉的记者,从那里把自己想认识的人的姓名、情况打听清楚,然后主动走上前去叫出他们的名字,谈一些他们感兴趣的事。此举使罗斯福大获成功。后来,他运用这个方法为自己竞选总统赢得了众多的有力支持者。

懂得怎样无拘无束地与人结识,是人们必备的一个社会生存技能,它能使我们扩大自己的朋友圈子,并使生活变得更丰富。而罗斯福所用的那种主动与陌生人打招呼并保持联系的办法,正是许多大人物都普遍采用的做法。不过,这对一般人来说大概做起来并不容易。因为,在现实生活中,许多人似乎都有"社交恐慌症",其集中表现就是不愿意主动向别人伸出友谊之手。

美国一位著名记者怀特曼指出,害怕陌生人这种心理,我们大家都会有,例如,在聚会上我们想不到有什么风趣或是言之有物的话可说的时候,或是在求职面试中拼命想给人留下好印象的时候。实际上,无论何时何地,只要我们遇到了素不相识的陌生人,心里都会七上八下,不知道该怎样打开话匣子。然而,仔细想想,我们的朋友哪一个不是原来的陌生人呢?正因如此,所以怀特曼又说:"世界上没有陌生人,只有还未认识的朋友。"假如运气好的话,和偶遇的陌生人还会发展成为忠贞不渝的朋友。

因此,我们必须有效克服"社交恐慌症",这是与陌生人交往的最大障碍。要想克服"社交恐慌症",首先要克服的就是自卑感。哲人说:"自卑就像受了潮的火柴。再怎么使劲,也很难点燃。"如果一个人总是表现得犹犹豫豫、缩手缩脚,别人自然也认为你真的很无能,不愿和你交往。自卑不仅会使自己陷于孤独、胆怯之中,而且会造成心理压抑。受这种心理的支配,人们就会越来越不敢主动去和陌生人交往,在社会上也越来越封闭。

克服自卑感的方法有很多，最有效的就是对自己进行"心理暗示"。比如，在和陌生人交往感到恐慌时，你不妨想一想：我的社交能力虽然还不够好，但别人开始时也是这样的，不管做什么事，开始时都不见得能做好，多做几次就会更好了，其实大家都是这样的。问题的关键在于，你必须敢于走出与陌生人交往的第一步。实践出真知，练习多了，你就不再会感到害怕、胆怯、腼腆、羞涩了。这样，就会使自己的社交能力大大提高，把周围的陌生人都变成熟人，从而建立更好更宽广的人脉关系网。

3

有事没事常联系

职场上，员工成天忙于工作，有时，收到一个朋友的祝福短信，才想起和朋友已经好些日子没联系了。静下心细想，其实疏于联系的朋友不止他一人，有不少朋友都是很久没有见过面或聊过天了。

为什么会这样呢？是工作太忙碌吗？再忙也不至于这样呀。其实，有时虽然想到好久没和某个朋友联系了，想打个电话或者发个信息过去问候一声，可要么当时想到的时候正在忙着其他事情，而等忙完了之后又忘记要和朋友联系的事了，要么就是想到的时候，时间不大对头，不方便打电话或者发信息，于是自然也就不了了之了。时间长了，就变得越来越懒于联系，想着反正也没什么事情，但心里其实还是惦记着的。

这样的想法其实很不好，会让朋友之间的感情在这样有意无意地懒散中慢慢变得淡漠、疏离，现代人的生活本来就都忙忙碌碌的，即使是很好的朋友之间见面聚会的机会也不会很多，所以平时联络感情的多半是靠电话或者短信什么的了，而一旦连电话这样的联系都少了，那日子长了，难免会让原本牢靠的朋友之情也变得有些淡薄起来，如果真的因此而影响了彼此间的感情，那真的是很可惜的事情。毕竟人与人的相识是缘分,而能做朋友更是一份难得的缘,尤其是知心朋友,所以再忙,也不能忘了联系,忘了彼此沟通感情。只有适时的沟通,才能让彼此了解各自的生活状态,才能在适当的时候,给予朋友间的安慰、帮助和鼓励等等,才能让友谊之树常青。

身在职场,我们中的许多人遇到过这样的状况:当你遇到困难需要别人帮忙的时候,你的脑子里可能很快想到了某个朋友,你认为这个朋友可以帮你解决你遇到的问题,于是你想立刻打电话找到他帮忙,却在拨打电话的时候突然想起,你已经很久没有和他联系了,甚至在应该去看他的时候都没有去,那么现在你自己有事了就想到去找他,他会不会觉得你只是在需要他的时候才把他当朋友呢?会不会因此而拒绝自己的请求?会不会觉得自己是个喜欢利用别人的人……这个时候你可能会想很多,然后在后悔不该在平时疏于和朋友联系,同时,也挂掉了那个还没拨完的号码,因为你觉得不好意思这么唐突地去找朋友了。

之所以举上面这样的例子,只是想说明平日里朋友之间保持联系的重要性,虽然我们和朋友交往不是为了在需要的时候找其帮忙,但真的有事的时候,如果能有朋友的照应和支持,总还是多了一份力量去解决问题的,相信朋友在这个时候也不会吝啬于为你出一份力的。再说了,朋友间的帮助,本来就是相互的,今天他帮助了你,下次说不定就是你帮了他了,而两个人之间的感情,不也会在这样的互帮互助中得到更进一步的加深吗?

我们活在这个世上,不可能光凭一个人的力量在外面闯荡的,这一路上,我们的身边需要亲人的支持,也需要朋友的支持,所谓"多一个朋友多一条路"嘛。而如果想有朋友一路陪着自己,那就要在平时多关心帮助朋友,多和朋友保持联络,这些对你来说也许只是举手之劳的事,却在无意中"储蓄"了朋友对你的感情,会让他们感觉到你的真诚与真情。也许你不求回报,但是不能否认,在我们想起朋友或被朋友惦记的时候、在我们帮助朋友或者被朋友帮助的时候,我们都是快乐的。

所以,无论何时何地,都不要忘了常和朋友保持联系,哪怕没什么事,哪怕只是短短的一句问候,也会让朋友在收到问候的时候心里暖暖的,因为被人记挂的感觉很美很幸福。

想要爱自己,必须先学会爱别人,同样的道理,想要让朋友想着你,你得学会先想着朋友！所以呢，对于朋友，我们应该要学会说这么一句：嗨，朋友，有事没事常联系哦！

现代职场人的生活离不开社交活动，而这些形形色色的活动，必定要花费大量的时间。如果为了节省时间而完全远离社交活动，是一种因噎废食的愚蠢做法。当然，如果把自己的时间全部花在和朋友游玩、谈心上，那也就根本没有了自己的私人空间，也是不值得的。因此，优秀员工都知道，提倡有事没事常联系，是一种增进友谊、聚集人脉的方法，并不是要你终日混迹于狐朋狗友之间而不做自己的事情。

4

朋友多，机会多，路子广

有一句俗话说"多个朋友多条路"，有一首歌词"千里难寻是朋友，朋友多了路好走"，说的都是同一个意思。古往今来，流传着许多交友佳话：俞伯牙和钟子期、阮籍和嵇康、李白和杜甫、鲁迅和瞿秋白……尤其值得称颂的是，老一辈无产阶级革命家把友谊提升到了一个崭新的境界，同生死，共命运，心连心，在谋求革命胜利的征途上，谱写了一曲又一曲友谊地久天长的动人诗篇。

今天，许多人也有这样的体会和感受，无论从政还是经商，也无论做工还是务农，朋友就像一缕阳光，多个朋友就多一份快乐，多一份充实，尤其在信息社会，朋友的作用越来越重要，多个朋友，就可能多一条信息，多一份智慧，多一份生存的力量，多一份成功的机遇。所以，人们对诸如"多个朋友多条路"这样的俗话，坚信不疑，交友意识越来越强，也在情理之中。

听电台的点歌节目时，经常听到有人说，"我想把这首歌送给所有认识我和我认识的朋友"。不知道人们在做着这样的表白前，是否真的盘算过，这个世界上，"认识我和我认识的朋友"一共有多少。

显然，每个人的答案是不同的，一个善于交际、广交朋友的人和一个封闭自己、独善其身的人，朋友的数量会相差甚远。虽然人人皆知"在家靠父母，出门靠朋友"的道理，可是又有多少人会真的将它奉为信条呢？

历史上有许多成功人物，可谓"靠朋友致富的典范"，他们将朋友的作用发挥到了极致，不仅极善处理人际关系，并把它成功地开发成产业，又能很科学地加以管理，从而让个人的财富以超乎常规的速度发展。当你阅读着他们的故事，感慨他们拥有庞大的人脉网络，感受他们经营人脉资源的那份用心，羡慕人脉为他们的人生升华创造着一次又一次的机会时，或许你会领悟到，丰富的人脉资源不仅带来的是珍贵的精神财富，更能直接帮助人们开启财富之门。

什么是朋友？朋友就是你能信任他，他也了解你的人；朋友是能分享你的成功、你的喜悦而从不忌妒你的人；朋友是能倾听烦恼并给予有益建议而不泄露隐私的人；朋友是能在你需要时给予你帮助而不求任何回报的人；朋友也是让你常常不由得自己去深深依恋的人。人一生可以贫困，但再贫困不能穷得没有朋友。

由此可知，广交朋友对于人的一生有多么重要。

毛泽东一生交往很广，有工人、农民、青年学生，有党政军的负责人，有著名的民主人士、科学家、艺术家、史学家、理论工作者、国民党进步人士，有国际友人，还有早年的同学和师长。在这些交往中，毛泽东充分体现了他的高尚情趣和丰富感情。正如日本前内阁总理大臣大平正芳所评说的："我对毛主席的印象是，他是一位无限深邃而豁达的伟大思想家、战略家。他非常真诚坦率，谈起话来气势磅礴，无拘束，富于幽默感，而且使人感到和蔼可亲。"斯里兰卡著名作家卡鲁纳拉特纳·萨普坦特里说："毛泽东怀有深厚感情。"

伟人是如此，普通员工更要懂得多交朋友的好处。

有一句名言这样说："灵魂，要吸收另一颗灵魂的感情来充实自己，然后以更丰富的感情回送给别人，人与人之间，如果没有这点美妙的关系，心就没有生机，就会难受枯萎。"

在现实生活中，常常有这样的情况，某些事同家人说有一点顾虑，同朋友说,则可敞开心扉。因此人要有朋友,要广交朋友,要广交真挚的朋友。交友的好处很多、益处很大。

1.一个人在现实生活中,难免有种种疑惑、困惑、需要寻求帮助,听听他人的建议,使自己在作出抉择之前,取得比较明智的见解,以便下定决心。

2.当你有困难时,朋友能鼓舞你奋进,有了挫折,促你奋起;有了志向,朋友催你奋斗;当你发奋有为时,朋友会提醒你谦虚谨慎;当你看到天外有天,人上有人,不满、妒忌、萌生邪念时,朋友会委婉地规劝你,让你悬崖勒马,远离危险境地。

3.良好的情绪状态,可能使生理功能处于最佳状态。因此,朋友间融洽相处是最好的养生方式之一,会使你心理上保持健康,从而延年益寿。

4.与有头脑的朋友交往,会大有收益。"听君一席话,胜读十年书。"茅塞顿开,从而改变命运。

因此,优秀员工都会在工作中寻觅朋友。在职场中,你如果自视清高,看不起那些条件比自己差的人,只会孤立自己,变得狭隘、保守。当然也不能交那些历来被人们所轻蔑的酒肉朋友,因为这些人不但起不到任何良好的作用,还会影响自己的身心健康发展。

5

想方设法认识"贵人"

工作中总听人家抱怨,为啥某人的"贵人"比我多?为啥他能认识某个知名企业家而获得更多的机会?为什么他总能签到大单,结识更多的人物而获得快步晋升?殊不知,生命中的"贵人"到处都是,很多情况下都是我们不善于主动寻找或自己放弃。

如果比尔·盖茨没有遇上斯蒂文·扎布斯,如果张朝阳没有遇到尼葛洛·庞蒂,如果章子怡没有遇到张艺谋……他们的人生也许是另外一番模样。

幸运的是,他们在正确的时间、正确的地点遇到了正确的人,他们都幸运地抓住了贵人这张牌,正是这张底牌让他们提前出线。

贵人能给你带来幸运,能给你提供帮助,还能在关键时刻为你排忧解难。在这个竞争白热化的年代,无论你从事的事业大还是小,如果没有贵人相助,你取得成功的系数就会减少。

贵人远在天边,近在眼前,人人都盼望遇上一个贵人。每一个成功人士都有一套招纳贵人的谋略。他们慧眼识贵人,热诚待贵人,虚心听贵人的意见。与此相反,失败的人士却往往不识贵人,自以为是,小看贵人,远离贵人。

无论是赤手空拳的创业者,还是快速崛起的明日之星;无论是企业中的中流砥柱,还是一炮走红的国际巨星,他们的贵人都是自己创造出来的,是自己通过表现争取到的。

毕竟,贵人不是"慈善家",他不会只提拔弱者,他只会让强者更强。贵人也不是守株待兔,每个人都可以做自己的贵人。

由于我们大都是极平凡之人,所以在一般情况下,贵人是不会自动找上门的,要想认识生命中的贵人,必须想方设法去寻找,去接近,去赢得贵人的心。

其实,贵人有时就在我们身边,只是我们缺少发现。从本质意义上讲,贵人其实就是能帮助你不断成长的人。比如一位好的主管,他会给你成长锻炼的机会,提高你的眼界,激发你的潜能。而如果你本身状态已经很好了,只是有一些外在条件阻碍了你的发展,比如资金匮乏、升迁途径狭窄,环境一时对你的发展不利等,这时贵人能帮你排除外在阻碍,给你发光发热的机会。

在寻找贵人的过程中,尽管你可能是个小人物,时常是拿自己的热脸贴人家的冷屁股。但这很正常,因为交陌生朋友是要突破底线的,更何况你与贵人本身就明显的"门不当,户不对"。因此有了机会结交他们时,不要抱怨人家不理你,要想着凭什么他会愿意和我交朋友,我给人家带来了什么好处。

如今这个年代,贵人是自己寻找和长期经营得来的,秘诀就是用心加坚持。抱着付出的想法去结识他人,你的收获一定比别人多。

不过话说回来,都说要主动寻找贵人,贵人就像机遇一样,如果真有一天贵人降临,你能不能抓住还是个问题。所以说,除了人际关系的技巧外,更重要的还是要培养自己的内涵。贵人之所以愿意帮助你,提拔你,除了爱才、惜才,更是看好你未来的发展,也是为贵人自己的未来经营人脉。

也就是说,寻找贵人的最有效方法,是内外双修。对外,发掘人脉,经营交情;对内,加强自身修为,让你的成长性能为人所见。在适当的时机,贵人自会出现。

还要记住的是,贵人不见得仅仅是说你好话的人。那些爱挑剔、企图打击你锐气的人,有时却能让你学到最多,成长最快。转变心态,踏实工作,远离抱怨,将他们的直言,视为苦口良药,变压力为动力。只有这样,你的贵人圈子,才会比别人扩大一倍。

人们都希望和优秀的人物交谈,与成功人士在一起,感受他们的言谈举止,希望从他们身上获得一些对自己人生有益的信条。可是,主动去结交贵人的人太多,而当这个贵人忙不过来的时候,他可能就注意不到众多人中的你了。因此,如何让贵人注意到你,这是一个大问题了,也就是说,要怎样让贵人来敲门,得有技巧。

首先你要有诚信,因为诚信是做人的根本,一个没有诚信的人,或许他能骗取别人一时的信任,但时间长了,他必然会露出自己的本来面目,没有人会相信一个不讲信用的人。

历史上为人诚信的人物很多,比如清朝乾隆年间的梁国志就是。他从小就聪明好学,可是他家里很穷,父亲想让他放弃学业,做些小生意来养家糊口。梁国志为此苦苦哀求父亲,让他再读几年书。街坊邻居见了,也觉得梁国志不读书太可惜了,就帮着说情,有的还愿意帮他出学费。父亲也盼着将来儿子能有些出息,于是就答应让他继续学习。

村子里的乡亲们都是忠厚老实的人,心肠很好;虽然都不富裕,还是经常帮助贫困的梁家。全村的人都盼望着梁国志将来能出息,好给他们村子争争光。小国志知道,自己一定不能辜负乡亲们的期望,学习也就更加努力了。

公元 1741 年，年仅十七岁的梁国志就中了举人；二十四岁那年，他又中了头名的状元。梁国志在朝廷当了官以后，不忘家乡父老，经常用自己的俸银为乡亲们办事。无论在哪里当官，他都替老百姓着想，受到老百姓的好评。

可以说，正是因为梁国志平时的诚信，老百姓才成为梁国志的"贵人"；正是因为老百姓的善良，梁国志后来又成了老百姓的"贵人"。

要让贵人来敲门，第二就是要有真本事，要让自己成为"绩优股"。贵人不会无缘无故地帮助你，至少要让他知道你是可造之材，贵人才会看上你。

俗话说："贫居闹市无人问，富在深山有远亲。"可以这么说，一个人如果没有被人利用的价值，他是无法在人际网中站得住脚的。因为人际网中讲究的是平等交换，只有你与对方的层次相当，才有交往的理由和条件。因此，要想在社会中保留一席之地，要想积累人脉为成功搭桥铺路，你必须把自己培养成"绩优股"，从而建立你被利用的价值。

每个员工都是如此，如果不建立起被利用的价值，我们就会在社会中无处安身。没有人愿意理我们，也就没有贵人愿意帮我们。

6

努力让上司赏识你

对于每一位职场人士来说，长期要与自己的上司打交道，如果能妥善地处理好你与上司之间的关系，你的心情自然会很好，你的工作也会做得很出色，甚至对你的人生和未来的事业都会有不同程度的影响。

一个好的上司，除了给你涨工资和提拔你外，还可以成为你人生学习的榜样，成为你进步的阶梯。在单位，办理工作上的事，或与工作有关的晋职、评职称等涉及人生前途的事，都离不开上司。甚至孩子转学、爱人调动等家事，有时请上司出面的确比我们自己更管用。总之，上司是你的一条天然人脉，就看你怎么利用这条人脉，为你的生活扬帆起航了。

要想善用上司这条人脉，处理好与上司的关系，首先要了解你的上司是个什么样的人？看你的上司是个只愿把握大局的人，还是个事无巨细都要管的人？你想想，如果你向一个只愿把握大局的人汇报上一大通细枝末节，那么你俩很快就都会烦的。你也许会认为你对某项工作是如此的殚精竭虑，而你的上司却漠不关心，其实这样想就错了。一位只愿把握大局的领导，会认为你该把所有基础工作都做好，否则他（她）就不会信任你。也就是说，你的上司可能只注重结果。如果你早些了解上司的个性，你俩的合作就会愉快得多。

其次你要弄清楚，你是否在帮助上司达到目标？如果你清楚地知道你的上司想要完成什么任务，你最好能帮上忙。了解那些特别的目标将有助于你更好地掌握部门的发展方向。通过这些信息，你就能采取前瞻性措施来帮助你的上司达到目标，上司也就会视你为部门中有价值的成员，那么当他（她）升迁时，你也会跟着得到提拔。

最后要问问你自己，你是否竭尽全力地使上司和部门都显得很出色？要知道，如果你的上司显得出色，那么你也会显得出色。所以你应该随时随地地想办法使你的上司显得出色。如果你有什么能改善部门工作的主意，一定要让上司知道。但务必私下去谈，且不要与上司发生冲突。如果部门工作得到了改善，你就会得到更多的信任，那对你的事业只有好处。

一旦你真正处好了与上司的关系，你就会觉得你们更像是伙伴而不像是上下级。作为伙伴，上司会托付你更多的责任，使你事业有进步，工作更满意。

现实生活中，要处理好与上司的关系确实是不容易的，会遇到很多麻烦。生活中，我们常会遇到这样的一种情形，与上司距离远了，你就会感觉上司不了解你，不重用你；与上司距离近了，同事就会有人议论你"巴结上司""溜须拍马"等，让你感到非常苦恼。

这就是一个度的问题了，也就是说，你与上司的关系，也一定要把握一个"度"，否则将会在不知不觉间失去上司这条天然人脉。

有人说，处理与上司的距离就像炒菜一样，掌握了火候，也就不难了。你如果对上司的习惯、方法、嗜好等有所了解的话，那在上司面前说话就会更得体,工作就做得更合他的心意,这样一来,上司就会自然重视你一些。你别忘了,上司也是人,也食人间烟火,也希望被人理解。所以,和上司的距离既不能太远,也不能太近,这就是需要掌握的度,掌握和上司交往的火候。当然,善解人意和溜须拍马是完全不同的两回事。

特别需要注意的是,在和上司处理好关系的同时,一定要和同事处理好关系。毕竟,同事和自己朝夕相处,平起平坐,有事的时候,还是同事帮忙多。如果只注意和上司搞好关系,而在同事中的口碑极差,招惹"溜须拍马"的议论就不奇怪了。如果自己人缘好,既能得上司赏识,又能和同事处理好人际关系,那么,自己的特长才能尽情地发挥,工作才能达到完善的境地。

为了更好地经营上司这条天然人脉,在这里提出一些建议供参考:

1. 让上司看到你的表现。定期将自己的工作进度及所完成的任务上报公司,让他看到并肯定你的存在及贡献。

2. 提早完成交付的工作,永远都提前完成上司交给你的工作。

3. 热心参加公司活动。借着公司大小活动加深上级主管对你的印象,也可多与其他部门主管及人员交流。

4. 向表现优异的同事学习。仔细观察办公室其他表现优异的同事,学习他们身上具有的你所不足的部分。

5. 加强自己的业务能力,积极"充电"。多学习一些对未来升级有益的课程。

7

把客户当"上帝"

"客户"这个词在中国早已是妇孺皆知,无论做什么行业,都有自己的老客户,并且都在开拓自己的新客户。"客户至上","客户就是上帝"已经是公认的营销宗旨。换句话说，那就是人人都知道：客户是自己的黄金人脉，亏待谁都不能亏待客户。

不过，现实生活中，还是有些客户受到了"亏待"，那就是那些小客户、散客户，真正受到优待的永远是那些大客户。

然而，所有的大客户无一不是由小客户或散客户而成长起来或演变而来的。所以，在此要建议那些想抓住"客户"这条黄金人脉的人，不要忽视了你的小客户。

管理学有个著名的二八定律，即 20％的大客户决定着企业 80％的销售量(额)，这是一个已被证明的事实，但在许多企业中，对这种认识产生了误区：虽然他们对外都宣扬对客户一视同仁，但在实际操作中，他们认为，公司的大客户才是根本，只要管好了大客户，利用大客户的品牌传播效应，自然会有许许多多的小客户聚集旗下。因此，在客户管理的过程中，大客户得到了重点的关注，而小客户通常处于被动管理的状态。

诚然，大客户对于企业来说，有着重要的意义。从销售人员角度出发，考核指标的压力往往使其追求短期销售业绩，大客户对他们的重要性不言而喻。从公司的角度出发也是如此，大客户不仅决定着公司的业绩，同时也担负着品牌传播的重任，决定着公司的市场地位。但是，这种过分强调了客户资产中大客户的重要性，而忽视了小客户作用的心理——往往会伤害到许多小客户，对企业也造成许多不利的影响，这种情况通常都不为企业领导者注意。

谁说小客户就不会成长为大客户呢？以发展的眼光看，优质小客户同样也是企业重要的潜在利润来源，只是当它还停留在小规模的阶段，我们还看不到那些潜在的利润而已。企业在市场竞争中，会不断地成长或消亡。而优质的小客户，本身经营良好，成长的可能性也就越高。培养小客户的忠诚度，不仅是赚取今日的利润，同时也是在赚取明天的利润，更是一支未来不可估量的黄金人脉。

所以说，真正的优秀员工，无论是大客户和小客户，都要善待。

摆正了面对客户的心态，我们便要努力地争取客户了。正因为客户是一条黄金人脉，所以争取客户便理所当然地成为了一场看不见硝烟的竞争。

大公司争取大客户自然不算什么，有品牌，有势力，或许还有后盾。

但对于小公司如何争取大客户,就不是一件简简单单的事。营销专家认为,一个小公司始终应以专业的服务取胜,无论你面对的是大客户还是小客户,你需要做的是给对方信心也给自己信心,相信自己可以为他提供专业优质的服务,客户关心的不只是你公司的规模,他更关注的是你的产品和服务是否能如其所愿,值得他信任,除非这家客户染上了官僚的气息。

对于一名优秀员工,无论你采取什么方式争取客户,但有一条必须遵循,那就是诚实守信,公平无欺。

据报载,英国某化工公司生产的清漆是市场上最好的产品,位于中部地区的某个小城镇有一家公司经常用该公司推销员史密斯送的货,可以说是史密斯的固定老客户。随着业务的扩展,史密斯有些看不起这个小城镇的客户,因为每次这家公司要的货都不多。他逐渐改变了送货方式,除非这家公司的高层领导请吃夜宵或塞礼品,要不就不送货。久而久之,这家公司的一位购货首席代表对史密斯的这种做法觉得太不像话、太过分,简直是目中无人,但由于长期使用他的产品,对其他公司的产品了解不深,又不敢贸然进货。正好,另一家化工公司的推销员彼得来推销公司生产的清漆,他们试用了一下,质量可以,就决定使用彼得的产品。彼得有了史密斯的前车之鉴,不论客户要货数量多少,都准时送到,满足客户的要求。

我们不妨想一下,如果史密斯公平公正地对待客户,就不会有客户的流失。因为这流失的不仅仅是客户,更是今后发展壮大的人脉啊。

在人的一生中,不能只在商业利益中存在客户,在人与人的交往中,我们也要以对待客户的心态对待他人,尊重他人,与他人和睦相处。人际关系处好了,自然就有好人缘,也就是好人脉,而当你有了广泛且牢靠的人脉关系,今后不管遇到什么难办的事,说不定就有一个“客户”站出来帮你,支持你。

8

赞美是一把永不过时的钥匙

美国钢铁大王卡内基，在1921年以100万美元的超高年薪聘请夏布出任CEO。许多记者问卡内基为什么是他？卡内基说："他最会赞美别人，这是他最值钱的本事。"卡内基为自己写的墓志铭是这样的："这里躺着一个人，他懂得如何让比他聪明的人更开心。"可见，赞美在人脉经营中是多么重要。

赞美他人，就是努力去挖掘他人的闪光点。同是一棵树，有的人看到的是满树的郁郁葱葱，而有的人却只看到树梢上的毛毛虫。为什么同样一件事物，会产生两种截然不同的结果呢？原因就在于有的人懂得赏识、赞美，而有的人只会用挑剔、指责的眼光看待事物。

一名记者曾做过一次调查：经常赏识他人，夸奖、赞美他人的人往往处事积极乐观，受人欢迎，受人尊敬，不常生病，并且比一般人长寿；而常指责、抱怨的人没有朋友，孤单落寞，身体、心理脆弱，比一般人寿命短。

曾有一名邮递员在送信途中，不小心被一块石头绊倒了，他刚想抱怨，却低头发现这是一块形状奇异的石头。他想，若是用许多这样的石头建成城堡，该多好啊！它好奇心顿生，便欣喜地将石头捡起来，装进邮包。之后，每天送信，他总会捡一块奇异的石头。日复一日，他捡的石头堆满了家门。于是他白天送信，晚上堆砌城堡。渐渐地有路人欣赏、赞美他的努力成果，并给予鼓励。终于，他在山坡上建成了一座又一座好看的城堡，有一天竟被登上报纸的头条，许多人慕名而来，其中包括当时著名的画家毕加索，他惊叹青年人的技艺，大加赞赏，并投资将这里改造成著名旅游区。

青年人获得成功的秘密就在于他受到了他人的赏识与赞美，可见赏识与赞美是多么的重要啊！赞美、赏识就像是风对于帆，就像是雨露对于种子;赞美、赏识是我们成长过程中不可缺少的营养品。赞美、赏识是希望,是动力,是用自己的心灵之火去点燃别人的心灵之火。

那么,怎样才能做到赏识、赞美别人呢?

当你乘车下车时,你对司机说:"谢谢,坐你的车十分舒适。"一句话用不了几秒钟,但也能因这一句赞美之词让那位司机整日心情愉快,如果他一天载 50 名乘客,它就会对 50 名乘客态度和蔼,而这些乘客受了感染,也会对周围的人和颜悦色,这个车内会出现和谐的氛围。

在你途经建筑工地时,你可以对工人说:"这栋大楼盖得真好。"这些工人也许会因你一句话而更起劲地工作。

对一位姿色平庸的女子微笑,她一定会如沐春风……

但是,在赏识与赞美别人的同时,还不能忘记树梢上的毛毛虫,虽然它们与满树的葱郁相比,的确微不足道,但我们也不能忽视,应用明亮的慧眼去发现,以乐观的态度去指正。

赞美他人,是我们在日常沟通中常常碰到的情况。要建立良好的人际关系,恰当地赞美别人是必不可少的。事实上,我们每个人都希望自己的工作受到别人的赞美。我们花了很大的精力,希望从他人那里得到赏识,但是,我们之中认为周围的人充分理解自己言行的人并不多,而我们自己也很少评论那些发生在我们周围的被我们所喜欢的言行。这一点着实令人感到奇怪,因为表示赞赏是非常容易的,不需要任何代价,而我们在赞美别人后自己得到的报偿却是多方面的。

人人都喜欢被赞美。美国著名社会活动家曾推出一条原则"给人一个好名声",让他们去达到它。他们宁愿做出惊人的努力,也不会使你失望。因为赞美是不会被人们拒绝的。

清朝时出现过一部《一笑》的书,里面记载了这样一则笑话:

> 古时有一个说客,当众夸口说:"小人虽不才,但极能奉承。平生有一愿,要将一千顶高帽子戴给我最先遇到的一千个人,现在已送出了 999 顶,只剩下最后一顶了。"一长者听后摇头说道:"我偏不信,你那最后一顶用什么方法也戴不到我的头上。"说客一听,忙拱手道:"先生说的极是,不才从南到北,闯了大半辈子,但像先生这样秉性刚直、不喜奉承的人,委实没有!"长者顿时手持胡须,洋洋自得地说:"你真算得上是了解我的人啊。"听了这

话，那位说客立即哈哈大笑："恭喜，恭喜，我这最后一项帽子刚刚送给先生你了。"

这只是一则笑话，但它却有深刻的寓意。其中除了那位说客的机智外，更包含了人们无法拒绝赞美之辞的道理。之所以如此，最主要的原因便在于赞美他人能满足他们的自我。如果你能以诚挚的敬意和真心实意的赞扬满足一个人的自我，那么任何一个人都可能会变得更令人愉快、更通情达理、更乐于协力合作。

美国的一位学者这样提醒人们："努力去发现你能对别人加以夸奖的极小事情，寻找你与之交往的那些人的优点，那些你能够赞美的地方，要形成一种每天至少五次真诚地赞美别人的习惯，这样，你与别人的关系将会变得更加和睦。"

第五章
合理安排：把时间用在刀刃上

时间管理能力已经成为单位衡量优秀员工的重要准则，得到了越来越多人的重视。要提高工作效率，必须保持精确的时间观念，要学会挤时间。我们常常能听到这样的抱怨："我这么努力地工作，甚至忙得连喝水、上厕所的时间都没有，为什么我还是不能完成自己的工作？"这是因为他们偷懒吗？是因为他们笨吗？都不是，这主要是因为他们没有利用好自己的时间，没有把时间用在刀刃上，用在关键处。

1

做时间的主人

"逝者如斯夫,不舍昼夜。"面对匆匆而逝的时光,我们要如何珍惜呢?凡是优秀的员工,都懂得时间的重要性。

在一生有限的时间里,充分利用每一分每一秒,不停地工作和创造——这是很多名人的真实写照。名人的时间观念值得我们借鉴。

富兰克林是一个不知疲倦的工作者,他尽可能缩减自己的用餐和睡眠时间,为的就是争取多点时间用于学习。而他的一些优秀的著作,如《冒烟的烟囱》和《航海的改进》,都是在海上航行期间完成的。

歌德会在与一个地位尊贵的君主会谈时,突然请求暂时告退,然后他进了旁边一个房间并迅速记下一闪而过的灵感,以作为正在创作的《浮士德》的素材。

莫扎特也是惜时如金的人。他经常废寝忘食投身音乐创作,甚至连续工作两个夜晚一个白天,他的名作《安魂曲》就是在他气息奄奄的弥留之际,在病榻上完成的。

林肯一边从事勘测土地的工作,一边利用每一点闲暇时间学习法律。在照管他的小杂店的同时,更是博览群书,积累了广博的知识。

科学家亚历山大·洪堡每一天都事务缠身,只有夜深人静的晚上或许多人睡梦正酣的凌晨,他才能抽出时间来从事自己热爱的科学实验。

弥尔顿是一位教师,同时他还是联邦秘书和摄政官秘书。

在繁忙的工作之余，他刻意注重利用一些零碎的时间，珍惜每一分每一秒，后来终于完成了名著《失乐园》。

爱默生说过："你若是爱永恒，就应当爱现在。昨日不能唤回，明天还不存在，你能确实把握的只有现在。"

如何确实地把握现在呢？答案就是：珍惜生活中的每一分每一秒！

时间是无情的，它从不放慢流逝的脚步。职场中人要学会做时间的主人，而不是成为它的奴隶。只有这样，才能在竞争激烈的今天处于领先地位，成为佼佼者。

做时间的主人，不闲一日，不浪费一分一秒。我国著名画家齐白石，无论是画虾、蟹、小鸡、牡丹、菊花、牵牛花，还是画大白菜，无不形神兼备，鲜活生动，据说他在八十五岁那年写了四幅条幅，并在上面题诗："昨日大风，心绪不安，不曾作画，今朝特此补充之，不教一日闲过也。"不教一日闲过，这就是成功人士的秘诀。

《光阴收购店》讲的是这样一个故事：

有一个小城，多年以来，人们安居乐业，日子过得平静自在。可是有一天，来了一个外地客商，他开了一家光阴收购店。开始没人敢进，后来有一个外来打工的小伙子来商店，看到广告，他动心了，于是他卖掉了自己的十年光阴，拿到了 65 万元。人们见了都心动了，纷纷卖掉了自己的光阴，10 年、20 年……

可渐渐地，人们知道了青春的可贵，纷纷赎回了自己的光阴。

这虽然是一个科幻故事，但给人的教育是深刻的。在职场中，一些人总觉得自己的时间很多，一点也不珍惜时间；而有些人却每时每刻都很珍惜，一点也舍不得浪费，这两类人形成了鲜明的对比。

曾有一个大学生，他在大一的时候就立志当一名优秀的电视主持人，并为此制定了一个严格的时间计划。虽然他像别的大学生那样，也会去参加联谊活动、社团活动，也会去玩游戏、泡吧，但是，他却绝对不会耽误自己为目标而预定的时间，在这个时间里，哪怕所有的人都在吃喝玩乐，他会毅然决然地去练习普通话，去英语角练习口语……

后来，当别的大学生都在为找工作忙碌时，他已经成功地竞聘成一家电视台的主持人。

由此可知,做时间的主人还是做一个时间的奴隶,这决定了你今后在职场工作的过程中是处于主动还是被动。

如果你有幸遇上一位错失金牌的百米短跑运动员,他就会告诉你,哪怕是极短的一毫秒的时间,也有不可估量的价值。所以说,时间很珍贵,要学会合理安排,就要做时间的主人。

2

人生有限,把时间用在刀刃上

勤奋工作的员工往往非常珍惜自己的时间。通常,希望在事业上取得成功的人都会设法赶走那些来与他海阔天空闲聊、消耗他们时间的人,他们希望自己宝贵的光阴不要因此而受到损失。

作为企业的一名员工,无论你身处何种岗位,都绝对不应该在别人的上班时间,去和别人海阔天空地谈些与工作无关的话,因为这样做实际上是在妨碍别人的工作效率,也妨碍了他的雇主应得的利益。

在职场上,任何结果的达成,都需要时间来保证。因此,把时间管理好,充分发挥时间的最大功效,是有效达成结果的保证。但是,在现实工作中,总是有员工不能将时间用在刀刃上,用在关键处。他们忙里忙外,每天工作都没有闲着,但是结果却乏善可陈。如果你对达成结果不力者进行观察,你会发现,他们总是不能在自己的工作上专注,总是被其他无效的杂事浪费时间,把宝贵的时间变成无效的时间。

如果你仔细观察,你会发现,很多员工不仅不是时间的利用者,而是时间的浪费者。每个人的时间都是一样的,但是有的人做出了结果,有的人却在瞎忙,除了个人能力差异之外,最大的差异在于每个人对时间管理的不同。善于获取结果的人懂得对时间做精细的管理,专注地对待一件事情；而不懂得时间管理的人，在同一时间忙诸多的事情，最终导致一事无成。

每个员工的工作时间都是一定的，但是每个员工的工作效率却是不同的，关键就在于我们是否能对时间进行合理安排和运用。能够对时间进行有效的管理，我们就能成为时间的主人。那么，我们应该如何管理时间才能使它更有价值呢？那就是专注一项工作。即在同一时间内专注于一件事情，这是最简单高效的工作秘诀。因为在工作中总是遇到诸多的杂事阻碍你专注于眼前的工作，造成时间的浪费。因此，如何做到集中精神专注于工作就显得尤为重要。通过下述方法的运用，可以帮助员工建立集中注意力的方法和习惯。

第一，专注于一项事物。养成专注的习惯是最重要的，可以排除一切繁杂纷扰的因素干扰。通过专注力的培养和训练，可以有效克服做事毫无章节、毫无计划节制的不良习惯，使自己不轻易被其他事情干扰。

第二，保持简洁干净。要保持自己的办公桌、办公周围环境简洁干净，排除掉那些能够干扰自己的因素。试想，办公桌周围如果杂乱得一塌糊涂，抬头之间都能够看到，怎么会不影响自己的心情？

第三，做事不要拖拉。如果第一天的事情不解决，第二天又有新的任务，这样任务就会堆积在一起。当你做一件事情的时候，心里又惦记另一件事情，时间就会不知不觉浪费掉。因此，养成高效工作的方法，当日事当日毕，才能在以后的工作中专注。

第四，设定工作时间表，给自己加压。用工作最后期限的设定来给自己施加工作压力，有助于自己专注于当下的工作，提高工作效率。

第五，做自己感兴趣的事情，兴趣是最好的效率。假如自己本身就对这项工作或这项任务抱有极大的兴趣，对它投入相当大的关心，那么无需旁人的监督，自己也会尽心尽力地投入其中，不会被其他的事情干扰。

第六，可以借助于外力的监督，利用公司的章程或者员工间相互监督督促，也可以使自己排除杂事干扰，把精力集中于当下的工作。

总之，珍惜时间，把时间用在刀刃上，在平时就要养成专注于工作的习惯。当日事当日毕，不要把事情都堆积到日后来做，那样事情越积累越多，反而会影响自己的工作效率。

3

工作守时，迟到早退不是小事

　　遵纪守时，在职场中非常重要！在守时的乌龟和不守时的兔子之间做选择，老板更喜欢虽然慢、但是准时到点的乌龟。

　　任何企业都有它的一套管理制度，不管你喜不喜欢，作为新人，遵守规章制度是起码的职业道德。入业后，应该首先学习员工守则，熟悉企业文化，以便在制度规定的范围内行使自己的职责，发挥所能。

　　许多职场新人刚踏入职场开始工作时，都是浑身充满干劲，但是渐渐地就开始浪费时间，迟到、早退、工作时做一些与工作无关的事情，都是在浪费时间，也是在浪费自己的生命。

　　"守时"是一个人珍惜时间、时间观念很强的具体表现。一般说来，守时的员工自律性与责任心都很强，他们身上都有一个共同的特点，那就是办事讲究效率，做人讲究诚信。但是，能真正将"守时"观念放入心中的员工很少，尤其是刚刚到新单位的年轻人，对公司的规章制度采取无所谓的态度，工作虽然卖力，但是不遵守时间，常常迟到早退，认为只是几分钟而已，无关紧要。然而，很多知名企业都不能容忍这一点，因为在它们看来，遵守时间是一个员工最基本也是最重要的素质。

　　要知道，遵守时间是一种承诺，也是对员工诚信的基本要求。不遵守时间，会让人觉得你不够诚信。给人留下了这样的印象，上司又怎么能放心将重要的事情交给你去做，怎么能放心将重要的位置交给你呢？因此，遵守时间，不仅能够体现自身的素质，还能为自己创造更大的发展空间。

　　小事成就大事，小事也坏大事。如同人体每块肌肉动作协调到位是肢体动作正确的基础，每个人、每个岗位爱岗敬业，忠于职守是保证企业生产经营平稳运行的前提。迟到早退看似小事，实则大事。工作中的一处缺岗、空岗可能会引起连锁反应，造成管理的"瘫痪、梗阻、脱臼"等，直接影响企业的健康发展。这就要求每一名职工在岗1分钟，尽职60秒，保持最佳工作状态，相互协作，发挥岗位、部门作用，以岗位保部门，以部门保单位，继而保证各条战线运转正常，扎实推进各项工作，保证企业目标的完成。

作为一个聪明而尽职的下属，你至少应该比你的上司提前15分钟到达办公室，做好上班前的准备工作。因为，没有一个上司喜欢下属整日匆匆忙忙踩着铃声进入办公室，更没有一个上司喜欢经常迟到的员工。

作为一名希望有所作为的员工，首先要遵守公司的一些制度，特别是考勤制度，体现了你的工作态度，尤其是某些岗位（例如客服、技术支持）是必须与时间挂钩而不是什么时候都无所谓的。这样的情况下迟到或者早退都是不可以接受的。想象一下，你在早上9点拨打电信客服电话，结果电话那头传来"很抱歉，工号9527可能还没来上班，请继续等待或挂机……"你能接受吗？你能接受，电信的老板也不能接受。

其实，一个公司逐渐成长，需要完善的制度保证。而且，制度是为了平衡每个人的利益，如果没有制度的约束，情况就会朝着越来越不可控的方向发展，今天你看到别人迟到5分钟没事，明天你也会迟到5分钟或者10分钟，别人看到你迟到10分钟没事，他也会迟到10分钟或20分钟，最后大家觉得来不来上班都是没事的。就像以前吃大锅饭的时候，很多人拼命干活也是吃这口饭，那些偷懒不干活的人也是吃这口饭，最后拼命干活的心理不平衡不干了，反正大家都是吃这口饭，为什么我要拼命干活，所以最后大家都不干活，大家都没有饭吃。

所以，制度作为维系一个团队的基础，是为了拉紧所有人从而使得大家不至于偏离轨道，这也是为什么老板们不希望看到有人迟到的主要原因。

迟到或早退貌似一件小事，但你永远不会知道它生根发芽之后，是否改变你的信念和习惯，是否让你的工作和生活变得粗枝大叶，所以为了做一名优秀员工，最好的选择，就是把它扼杀在摇篮之中。

4

浪费时间就是浪费生命

法国思想家伏尔泰曾出过一个意味深长的谜语："世界上哪样东西最长又是最短的,最快又是最慢的,最能分割又是最广大的,最不受重视又是最值得惋惜的? 没有它,什么事情都做不成,它使一切的东西归于消灭,使一切伟大的东西生命不绝。"

这是什么呢? 这就是时间。

人们常说:"一寸光阴一寸金,寸金难买寸光阴。""光阴似箭,岁月如梭。"每个人随着年龄的增加,使自己对时间的理解更加深刻。所谓"时间就是金钱",指的是经济效益,而"时间就是生命",则指的是人生,是告诫人们要像珍惜生命一样去珍惜时间。

你要是问走在大街上的普通人:"在时间和金钱上,你最富裕的东西是什么?"恐怕很少有人会回答是"金钱",大多选择回答是"时间"。时间和金钱是如此紧密相连,古今中外概莫能外。

时间是如此重要,时间是如此宝贵,可是在职场中,谁真正重视时间如金钱? 谁节约时间如金钱? 在一般员工眼中,金钱是何等难得,而时间却唾手可得。百万富翁一天是二十四小时,贫穷小子一天也是二十四小时。谁说上帝不公平? 至少在时间分配上做到了"一碗水端平"。别的东西我不多,时间我比谁少? 节约时间干什么?

然而,不同的时间观决定不同的人生。雷锋说:"工作再忙,读书的时间还是有的。只要你肯挤,时间就有了。"他还说:"木板上没有孔。为什么钉子可以钉上去? 靠的就是钻和挤劲。"这就是被很多自以为是的人看不起的战士雷锋的"钉子精神"。雷锋是新中国的一名普通士兵,在他短暂的二十二年人生中,用他"努力工作、乐于助人"的普通事迹诠释了人性的光辉! 雷锋如果没有正确的人生观,小学没有毕业的他,二十二年人生又能走出怎样的路来？二十二年，一个普通人能交出怎样的人生答卷？

时间观即人生观，人生观就是时间观。人的一生就是和时间的比赛，只有走在时间前面的人，才能看到人生的丰富和多彩。感叹人生乏味、感叹时间难以打发的人，注定见不到人生的亮丽。

看看古今中外，有谁不珍惜时间却谱写出多彩的人生乐章？比比和你一起走上人生路的儿时伙伴、比比和你一起参加工作的眼前同事，谁品尝了更多的人生美味、谁看到了更多的人生美景、谁得到了更多人的青睐、谁享受了更多人生的美好？比一比，是你走在了同时代人的前面，还是他人走在了你的前面？

想一想，你有没有自己的时间观？如果没有，要赶快建立！要知道时间观就是人生观。我们不要在回首往事时后悔，我们不要在找女朋友时后悔，我们不要在年终奖发放时后悔，我们不要在参加同学会时后悔，我们不要在参观他人新房时后悔……

人在职场，趁着还年轻，好好把握你的时间，因为把握时间就是把握你的人生。趁你还年轻，规划好你的每日时间和一生的时间，因为没有每日每时的把握，就没有一生的精彩和辉煌。时间的珍贵从来都是论分论秒的。

50岁的IT界老总琚富国敬告年轻人：人在职场要懂得先做牛、后做马，最后做猴的道理。人在职场，最需谨记：不浪费时间。有一种办法能做到这一点，那就是把目标精确到切实可行。

作为董事长，无论是公司总部要人，还是多个分公司要人，琚富国总要亲自面试。他不看外表、学历、出身，主要问一个问题：你为什么找工作？

有人说，为了获得工作经验；有人说，为了娶媳妇；有人说，为了买一辆车；有人说，为了给妈妈买件新衣……琚富国记下这些答案，每人叮咛一句，"千万别浪费时间，浪费时间就是浪费职业生命"，面试便算通过。

事实证明，能否充分利用好时间就是能否珍惜自己的生命。因为时间和效率是紧密相连的，在同样的时间里能做出不一样的工作或取得不一样的收益，那就是效率。所以，必须珍惜时间，有计划的合理安排在什么时间去做什么事情,在自己的有限时间里,力争去做更多的事情,这无疑就是延长了自己的生命。

鲁迅先生是珍惜时间的典范,他曾经说过:"时间就像海绵里的水,只要肯挤,总是有的。"用我们通常的口头语来说,珍惜时间就需要"见缝插针"。鲁迅先生在短短的 30 年间写作和翻译了大量文学作品。人们都说鲁迅是天才,可是鲁迅自己说:"哪里有天才! 我是把别人喝咖啡的工夫都用在工作上。"鲁迅为了珍惜时间,总想在一定时间内多做一些事情。他说节省时间,就等于延长了一个人的生命。

鲁迅不仅珍惜自己的时间,也爱惜别人的时间。他从来不迟到,绝不叫别人等他。就是下着大雨,他也总是冒着雨准时赶到。他曾经说过:"时间就是生命。无缘无故地耗费别人的时间,和谋财害命没有两样。"

每个人都应该学习鲁迅先生珍惜时间的精神,要有计划地支配自己的时间,同时要爱惜别人的时间,不能让宝贵的时间白白浪费掉一分钟。

珍惜时间就是珍惜生命。世界上最宝贵的是生命,而生命都是以活着的时间为标志的。如果能在 10 年的时间里做出别人 20 年的时间所做的事情,就等于延长了一倍的生命,这是很简单一道算术题。反之,浪费时间就等于浪费生命。

5

时间管理是一门学问

德鲁克说:"要知道怎样去花时间,为什么去花这个时间,我们必须先对自己的时间分配做充分的了解,只有这样才能对症下药——掌控你的时间的第一步,记录时间耗用的实际情形。要了解时间是怎样耗用的,从而据此管理时间。"

在中国历史上，有一句久远流传的谚语："一寸光阴一寸金，寸金难买寸光阴"，这句话表明中国人早就认识到管理时间的重要性，而"人生有涯"更是将时间管理与人的生命有限论紧密联系在了一起。时间是世界上最丰富的资源，每个人都拥有 24 小时的每一天，然而它又是世界上最稀缺的资源，人的每一天都只能拥有 24 小时。因此，要在有限的生命周期内尽可能地提高工作效率，发挥出我们所有的聪明才智，做出最大的成绩，搞好时间管理就显得尤为重要。

传统的时间管理观念认为：效果比效率重要，选择比能力重要，平衡比速度重要。但是当今社会，市场竞争愈加激烈，客户的要求和期望值不断提高，企业组织结构愈加复杂，工作日程安排日趋紧凑，工作节奏不断加快，对工作的精细化要求不断增强。在这种情况下，如果只讲效果不讲效率、只讲选择不讲能力、只讲平衡不讲速度，其结果不仅是完不成任务，实现不了预期工作和经营目标，而且最终只会被市场所淘汰。只有那些做事井井有条、懂得科学安排和管理时间的人才会永远立于不败之地。

就像我们一向重视理财一样，时间同样应该得到科学、有效的管理。那么我们应该怎么做呢？曾有专家建议要注意以下几方面：

首先，学会每天清早做计划。

美国某公司的董事长赖福林每天清晨 6 点之前准时来到办公室，先是默读 15 分钟经营管理哲学的书籍，然后便全神贯注地开始思考本年度内不同阶段中必须完成的重要工作以及所需采取的措施和必要的制度，接着就是重点考虑一周的工作。他把本周内所要做的几件事情一一列在黑板上。大约在 8 点钟左右，他在餐厅与秘书共进咖啡时，就把这些考虑好的事情商量一番，然后做出决定，由秘书具体操办。赖福林的时间管理法，极大地提高了公司的工作效率，引起了美国各公司的高度重视。

其次，学会如何区分重要与紧急任务。通常我们会认为，应该先处理急事而不是重要的事。所谓重要的事情，是指真正有助于达成我们的目标的事情，是让我们的工作与生活更有意义、更有成就的事情，但是这些事情通常并不是那么迫不及待的——而这点也恰恰是时间管理的最大误区。从这时候开始，我们成了时间的奴隶而不是时间的主人。

要想不成为时间的奴隶，我们就要把重要的事放在第一位，而紧急的事其次，要尽量将紧急的事情中能够委托他人完成的交给别人完成；最后，当你不得不处理时，也要尽量提高效率，能够同时处理的尽量同时处理。

如果你是管理层，不妨试一下站着开会。你有没有这样的体会，在一个公司中，最漂亮、富丽堂皇的房间，往往就是公司的会议室。在会议室中，明亮的灯光、舒适的座椅，饮水机、咖啡机、微波炉等往往一应俱全，甚至还有新鲜的水果。在加班的时候，会议室又往往成为聚餐的场所，大圆桌上摆满了食物，加班变成了聚餐。其实，如果你是公司的管理人员，不妨尝试一下站着开会。日本的会议室不像我们国内这么舒适，而是十分简陋，不但无烟无茶，而且没有椅子，开会的人都站着，用简陋的条件控制会议的长度，管理时间资源，提高开会的效率。他们每次开会之前，都在会议室里张贴本次会议的成本、多少人参加、开多长时间、每小时工时费用，最后累计起来公布，使主持会议的人和参加会议的人心中有数，开短会，开高效率的会，不说废话。

如今，大家都在提倡节约，但除了物质上的东西要节约以外，还有时间，对时间这种不可再生的资源的节约显得更加珍贵！时间不能够再造，逝去的时间将不再复还，所以节约时间，从某种意义上说就更加重要！

试想想，一分钟是可以做很多的事情的，一分钟可以打 100 多个字，可以走一百多步路，可以看 1～2 页书。这样算下来，一个小时，就可以打 6000 多个字，走好几千步路，看好几十页书，所以，只要把时间充分利用，一天中还是能多做很多事情的！

回想小时候，每次写假期作业都是在放假的最后几天完成的。为什么呢？因为在一开始的时候总是想着玩，想着还有很多天呢，所以每天只作一点作业，直到最后才开始进行突击。而突击出来的作业，字迹潦草，质量不高，但时间来不及了，也只好草草交差。现在工作中仍然存在这种情况，工作安排下来，不能够合理安排计划，而是等到不考核时才匆忙突击，往往工作质量也不高，还会被领导批评。这种浪费就更严重了！因为不但时间浪费了，工作质量还受到影响！

职场上，有多少人因为浪费了时间而后悔莫及，又有多少人因为没有好好珍惜自己的时间,而错过了许多成功!"如果当时安排好自己的时间就好了!""如果当时能节约时间就好了!"当人们做这样的感叹和懊悔时,往往已经事过境迁了。但是,时间是不会倒流的,与其这样后悔,不如现在开始,学会管理时间,节约每一分钟时间!

6

时间管理的十大法则

"时间就是金钱"的观念早已深入人心,而对于职场中人来讲,做好时间管理不仅意味着丰厚的经济利益,更能令自己的事业突飞猛进。

同样学历背景,工作于同一家公司,但为何数年之后,有些人能平步青云职位高升,而有的人则始终庸庸碌碌、原地踏步?

除却个人的禀赋差异以及机遇不同的因素之外,有研究表明,最终导致职场人士前途迥异的最大根源就在于时间的利用效率上。如何更好进行时间管理,让有限的工作时间创造出更好的业绩价值,这是每一个职场人士都必须高度重视的事情。

(1)保持焦点

一次只做一件事情,一个时期只有一个重点。聪明人要学会抓住重点,远离琐碎。

(2)80/20原则

应该把精力用在最见成效的地方,所谓"好钢用在刀刃上"。美国企业家威廉·穆尔在为格利登公司销售油漆时,头一个月仅挣了160美元。他仔细分析了自己的销售图表,发现他的80%收益来自20%的客户,但是他却对所有的客户花费了同样的时间。于是,他要求把他最不活跃的36个客户重新分派给其他销售员,而自己则把精力集中到最有希望的客户上。不久,他一个月就赚到了 1000 美元。穆尔从未放弃这一原则,这使他最终成为了凯利-穆尔油漆公司的主席。

(3)现在就做

许多人习惯于花费很多时间以"进入状态",却不知状态是干出来而非等出来的。请记住,栽一棵树的最好时间是 20 年前,第二个最好的时间是现在。

(4)不得不走

要学会限制时间,不仅是给自己,也是给别人。不要被无聊的人缠住,也不要在不必要的地方逗留太久。一个人只有学会说"不",他才会得到真正的自由。比如在生活中,要学会避开高峰。避免在高峰期乘车、购物、进餐,可以节省许多时间。

(5)巧用电话

要尽量通过电话来进行交流,沟通情况,交换信息。打电话前要有所准备,通话时要直奔主题,不要在电话里说无关紧要的废话或传达无关主题的信息与感受。

(6)成本观念

在生活中,有许多属于"一分钱智慧几小时愚蠢"的事例,如为省两元钱而排半小时队,为省两毛钱而步行三站地,等等,都是极不划算的。对待时间,要像对待经营一样,时刻要有一个"成本"的观念,要算好账。

(7)精选朋友

多而无益的朋友是有害的。他们不仅浪费你的时间、精力、金钱,也会浪费你的感情,甚至有的"朋友"还会危及你的事业。要与有时间观念的人和公司往来。

(8)避免争论

无谓的争论,不仅影响情绪和人际关系,而且还会浪费大量时间,到头来往注解决不了什么问题。说得越多,做得越少,聪明人在别人喋喋不休或面红耳赤时常常已做了很多。

(9)积极休闲

不同的休闲会带来不同的结果。积极的休闲应该有利于身心的放松、精神的陶冶和人际的交流。有时也要学会提前休息。在疲劳之前休息片刻,既避免了因过度疲劳导致的超时休息,又可使自己始终保持较好的"竞技状态",从而大大提高工作效率。

(10)搁置的哲学

不要固执于解决不了的问题,可以把问题记下来,让潜意识和时间去解决它们。这就有点像踢足球,左路打不开,就试试右路,总之,尽量不要钻牛角尖。

精于时间管理的人总是会把自己的时间转化为更加有意义的人生资源。如果你也学会了时间管理,你就能把工作做得更好,成为优秀的员工;从人生意义上来讲,你会拥有更多自由的时间,来安排自己的人生。

第六章
情绪自控：灵活处理各种矛盾冲突

现代心理学认为，情绪是人心理健康的窗口。每个人都要管理好自己的情绪，即使他在最困难的时候。多半事业有成就的人，他的智力水平并不是占大部分因素，而他的情绪自控能力是制胜的最大因素。因此，优秀的员工都会激励自己愈挫愈勇，克制冲动延迟满足，调适情绪，避免因过度沮丧影响思考能力，设身处地为他人着想，对未来永远怀抱希望。他们不易与人起争执，在意见不一致的时候，仍表现良好的风度；情绪焦灼时，能化解困难，走出困境，使自己及周围的人都能快快乐乐地生活。

1

善于控制自己的情绪

人生漫长，只有认清自我才能获得不断前行的动力。也就是说，一个人最大的敌人不是你人生中的对手，而是自己。即使你拥有财富、学历、家世和天赋等方面的优越条件，但是没有意识到自己真正擅长的方面和掌握适当的处世技巧的话，也只能成为一个平庸的人。所以说，每一个人都应扪心自问的不是"你懂得什么"，或者"你是什么人"，而是"你应该做什么"或者"你能够做什么"。

有这样一则寓言：

在很早很早以前，一只昆虫妈妈怀孕了。在幸福的憧憬中，昆虫妈妈生下了两个漂亮娃娃。妈妈给它们起了非常好听的名字，一个叫蜜蜂，一个叫苍蝇。

为了让它们有一个美好的未来，昆虫妈妈不仅自己教育孩子，而且还到各地请来专家教育孩子。

妈妈只是重视对孩子进行知识灌输，而忽视了对孩子进行良好习惯的培养。于是，两个孩子的表现很不相同。

在同一片蓝天下，蜜蜂喜欢看到大地上的鲜花，因此，它不辞辛苦地去寻找清香四溢的鲜花。而苍蝇喜欢看到大地上的垃圾，因此，它不辞辛苦地到处寻找垃圾，并且在垃圾上嗡嗡叫个不停。

喜欢发现美、赏识美和创造美的蜜蜂，为人类酿造出了营养价值很高的蜂蜜、花粉和蜂胶。而喜欢看到垃圾、寻找垃圾、陶醉于垃圾的苍蝇，生下了一窝又一窝更令人厌恶的蛆。

从此，一对双胞胎的命运截然不同，人们对待蜜蜂和苍蝇的态度也不同！

虽然这只是一则寓言，但在人类社会中，类似的现象并不少。

资料记载，在美国还真有这样一对双胞胎兄弟，哥哥叫杰米，弟弟叫卢西奥。家里一贫如洗，父亲是个瘾君子，后来因没钱吸毒而杀人，被判了终身监禁。

哥俩不到5岁就流落街头，乞讨为生。15岁那年，哥俩决定分开谋生，并发誓待混好后再相聚。然而世事难料，曾经相依为命的哥俩后来竟天差地别，再也不可同日而语了。

原来，哥哥杰米吃喝嫖赌，五毒俱全，最后因抢劫杀人，步了他父亲的后尘。而弟弟卢西奥则与哥哥完全相反，他勤勤恳恳工作，踏踏实实做人，凭借锲而不舍的努力，自学成才，考入了宾夕法尼亚大学，毕业后在一家电视台做节目主持人，生活过得幸福美满。

两兄弟如此巨大的差异引起了社会的关注，于是有好事的记者曾分头采访这哥俩。出人意料的是，这哥俩都把自己的境遇归结于他们的父亲。哥哥说，自己天生就受父亲坏的一面的影响，带上了犯罪的种子。而弟弟则认为，自己之所以能过上好日子，是因为他从小就知道不能指望父亲，只能靠自己不断努力方可改变命运。

他们同样的成长经历，由于人生理念不同，换来了不同的人生结果。也就是说，在职场要有所作为，要做优秀的员工，就要有超强的自制力。

第一，不要偏信而是非不明。古人把进谗言的小人斥为"谗夫"，故有"谗夫毁士"之说。一个人只要贵耳贱目，心就容易被障蔽，就容易为奸佞所骗。所以我们要善听、兼听与全听，让我们前进的航船，有个正确无误的方向与轨道。

第二，不要任性而情绪不稳。人，常常容易任性，喜怒好恶随自己情绪高低而定，这种情绪性格，就是没有自制的力量，没有管理自己的力量。《孙子兵法》说："主不可以怒而兴师，将不可以愠而致战。"就是很明智而理性的态度。因为怒而兴师出战，很可能决策失误，损兵折将，所以人不可负一时之气，率性而为。

第三，不要恃己长而显人所短。有一种人，自以为很会讲话、很会做事、很会计划，因此傲慢而好表现。殊不知自以为是、恃才傲物的心态，正容易暴露自己的短处。像《三国演义》里的祢衡，初见曹操军营中机深智远的谋士、勇不可当的武将，都视如无物，却狂妄自我吹嘘，终于因此被砍脑袋。所以，天不说自高，地不言自厚，深有意涵。

第四，不要愚拙而忌人所能。有的人因为自己不足，反而忌人所能；有些事情自己做不到，相对的就阻挠别人的成就。这种自己没有得到利益，也不让人获得利益的心态，就是没有自知之明；嫉妒人家之能而不以为学习榜样，难道就会有所得吗？显然是不可能的。

2

时刻要以大局为重

你要想立足职场，你要想脱颖而出，你要想成为优秀的员工，只有忠诚、敬业、负责是远远不够的，你还必须学会顾全大局。

在每个人的职业生涯中，凡事必须从大局出发，以大局为重，不顾大局就有可能出局。在历史上，我们可以发现，很多有优秀才能的人，因为个人性格、情感中的某些缺陷，在做事的过程中，不能从大局出发而立足长远，不能把握实际效果，不能从利害关系出发，从而铸成大错，造成严重的损失，甚至一失足成千古恨。在当今社会，各方人才八仙过海，各显神通，一大批优秀人才脱颖而出。对于公司来说，在激烈的竞争中谁占有人才优势，谁就夺得了先机。然而，"有才华"的人在职场中为什么不能被用人单位所容纳和重用，恐怕不只是缺乏"伯乐"，而在很大程度上是不知道如何处理个人与整体的关系。在老板眼里，全局高于一切，一个单位的整体利益肯定是至高无上的。一个自私自利的人，一个只为小团体或部门利益着想的人，一个心中只有"我"而无"我们"的人，是永远登不上老板的优秀员工名单的。

大局意识是职场上不可或缺的职业品质。优秀的员工，凡事能从大局出发，在事关大局和自身利益的问题上，能以宽广的眼界审时度势，以长远的眼光权衡利弊得失，自觉做到局部服从整体，自我服从全局，眼前服从长远，立足本职，甘于奉献。他们不会急功近利，而是把个体远大发展目标建立在大局发展的基础之上，是以公司整体利益为重，把公司放在第一位。这样具备统观全局、服务大局的优良素质，在赢得公司和老板信任的同时，更为自己的职业生涯带来莫大的好处。企业组织的领导者最渴求的是以组织整体利益为重，顾大局、识大体的员工。

王涛是模具制造中心一名年轻的技工，主要操作数控车床。在日常工作中，他积极创新，不断改进工艺方法，攻克技术难关。由王涛加工的模具占到部门总数量的30%，一次性合格率达95%。王涛爱岗敬业，遇到紧急订单时，他克服离家远，孩子小等家庭困难，主动加班加点，及时完成生产任务，曾三次荣获公司年度"优秀员工"称号。

某些产品的模具质量要求严，工艺复杂，而且组合件多，是加工难度较大的模具。王涛根据以往的经验，自行制作刀具，手工编程。为了满足工期要求，他连续数日每天工作12个小时，当月累计加班64小时以上，终于按时完成任务，保证了订单的交付。

王涛经常说："选择了一个企业，就是选择了一种生活方式。我不仅仅是一名数控操作人员，更是大家庭的一员，我和公司有一个共同的目标，一切以满足客户需要，以公司大局为重。"

王涛只是我们身边普通的一名员工，但是他以大局为重的意识和吃苦耐劳精神很值得我们学习，希望这种精神激励我们每一位员工在工作中取得更大的进步。

作为一名员工，怎样做到以大局为重？曾有职场激励专家总结出以下几点：

(1)以大局为重，多补台少拆台。

对于同事的缺点，如果平日里不当面指出，一与外单位人员接触时，就很容易对同事品头论足、挑毛病，甚至恶意攻击，影响同事的外在形象，长久下去,对自身形象也不利。同事之间由于工作关系而走在一起,就要有集体意识,以大局为重,形成利益共同体。特别是在与外单位人接触时,要形成"团队形象"的观念,多补台少拆台,不要为自身小利而害集体大利,最好"家丑不外扬"。

(2)对待分歧,要求大同存小异。

同事之间由于经历、立场等方面的差异,对同一个问题,往往会产生不同的看法,引起一些争论,一不小心就容易伤和气。因此,与同事有意见分歧时,一是不要过分争论。客观上,人接受新观点需要一个过程,主观上往往还伴有好面子、争强好胜的心理,彼此之间谁也难服谁,此时如果过分争论,就容易激化矛盾而影响团结;二是不要一味"以和为贵"。比如有些员工即使涉及原则问题也不坚持、不争论,而是随波逐流,刻意掩盖矛盾,这样于事无益。面对问题,特别是在发生分歧时要努力寻找共同点,要争取求大同存小异。实在不能一致时,不妨冷处理,表明"我不能接受你们的观点,我保留我的意见的态度",让争论淡化,又不失自己的立场。

(3)对待升迁、功利,要保持平常心,不要嫉妒。

许多同事平时一团和气,然而遇到利益之争,就当"利"不让。或在背后互相谗言,或嫉妒心发作,说风凉话。这样既不光明正大,又于己于人都不利,因此对待升迁、名利要时刻保持一颗平常心。

(4)发生矛盾时,要宽容忍让,学会道歉。

同事之间经常会出现一些磕磕碰碰,如果不及时妥善处理,就会形成大矛盾。"冤家宜解不宜结。"在与同事发生矛盾时,要主动忍让,从自身找原因,换位为他人多想想,避免矛盾激化。如果已经形成矛盾,自己又的确不对,要放下面子,学会道歉,以诚心感人。退一步海阔天空,如有一方主动打破僵局,就会发现彼此之间并没有什么大不了的隔阂。

3

自制也是一种力量

有人说，人生有三样无时无刻不需要的东西：清醒的头脑，梦想和勇气，自制的力量。失去财富，失去甚少；失去健康，失去甚多；失去自制力，失去一切。

这句话表面看似乎难以完全理解，但当你懂得了自制的力量之后，你就会明白它的现实意义。

肢体的力量可以控制我们的动作，知识的力量可以充实我们的大脑，沟通的力量让我们能够分享和理解。但是，什么力量可以帮助我们取得更好的表现？那就是自制的力量。

在某些传记中，那些自制力强的孩子最终能够取得成功绝不是偶然的。他们小时候能够为了更多的糖果而忍受暂时的等待，长大了自然更容易坚持自己的计划，也更懂得控制自己的情绪，在别人面前表现得体。

有人说："我的忍耐是有限的！"没错，自制力就像肌肉的力量一样是有上限的。经常听到有朋友抱怨："游泳减肥，越减越肥。"因为他们可以坚持经常去游泳，也能坚持游一定的距离，但是却无法控制游泳后的饮食——反而比平时饭量更大了。这完全是因为游泳时体力消耗太大吗？不完全是。因为在一些不需要什么体力的任务上，人们的自制力也可能被消耗。让一些人在看电影时控制住自己的情绪，看喜剧忍着不笑，看悲剧忍着不哭，然后再让他们握握力器，发现他们的耐力比那些不用忍着情绪看电影的人要差。就像肌肉一样，自制力用得太多，人们也会疲劳。所以说，要把自制力放在最要紧的事情上，这样才能更明确地表现出自制的力量。

曾经，拿破仑·希尔对美国各监狱的 16 万名成年犯人作过一项调查，发现了一个惊人的事实，这些不幸的男女犯人之所以沦落到监狱中，有百分之九十的人是因为缺乏必要的自制，因此，未能把他们的精力用在积极有益的方面。

缺乏自制是一个人最具破坏性的缺点之一。比如,当你听到不希望听到的话时,如果缺乏自制能力的话,你可能会立即针锋相对,用同样的话进行反击,这样对双方尤其是对事情的解决没有半点好处。

在芝加哥一家大百货公司里,拿破仑·希尔曾亲眼看到了一件事:

> 在一家百货公司受理顾客提出抱怨的柜台前,许多女士排着长长的队伍,争着向柜台后的那位年轻女郎诉说他们所遭遇的困难,以及这家公司不对的地方。在这些投诉的妇女中,有的十分愤怒且蛮不讲理,有的甚至讲出很难听的话。柜台后的这位年轻小姐一一接待了这些愤怒而不满的妇女,丝毫未表现出任何憎恶。她脸上带着微笑,指导这些妇女们前往合适的部门,她的态度优雅而镇静,拿破仑·希尔对她的自制修养大感惊讶。

> 站在她背后的是另一个年轻女郎,在一些纸条上写下一些字,然后把纸条交给站在前面的那位女郎。这些纸条很简要地记下妇女们抱怨的内容,但省略了这些妇女原有的尖酸而愤怒的语气。原来,站在柜台后面,面带微笑聆听顾客抱怨的这位年轻女郎是位聋子。她的助手通过纸条把所有必要的事实告诉她。

> 拿破仑·希尔对这种安排十分感兴趣,于是便去访问这家百货公司的经理。经理告诉拿破仑·希尔:他之所以挑选一名耳聋的女郎担任公司中最艰难而又最重要的一项工作,主要是因为他一直找不到其他具有足够自制力的人来担任这项工作。拿破仑·希尔站在那儿观看那群排成长队的妇女,并且发现,柜台后面那位年轻女郎脸上亲切的微笑,对这些愤怒的妇女们产生了良好的影响。她们来到她面前时,个个像是咆哮怒吼的野狼,但当她们离开时,个个像是温顺柔和的绵羊。事实上,她们之中的某些人离开时,脸上甚至露出羞怯的神情,因为这位年轻女郎的"自制"已使她们对自己的作为感到惭愧。

> 自从拿破仑·希尔亲眼看到那一幕之后,每当对自己所不喜欢听到的评论感到不耐烦时,就立刻想起了柜台后面那名女郎的自制而镇静的神态。而且他经常这么想:每个人应该有一副"心理耳罩",有时候可以用来遮住自己的双耳。拿破仑·希

尔个人已经养成一种习惯，对于所不愿听到的那些无聊谈话，可以把两个耳朵"闭上"，以免在听到之后徒增憎恨与愤怒。生命十分短暂，有很多建设性的工作等待我们去进行，因此，我们不必对说了我们不爱听的话语的每个人去进行"反击"。

自制的力量，说的就是：用拳头打人不是有力量以表现，恶口骂人也不是有力量的表现。最大的力量是从内心深处发出来的，也就是要有自我克制的力量、有管理自己的力量。自制力不能操控世界，但却可以改变我们对待世界的方式。职场的人，不妨扪心自问：我有多大的自制力？

4

自制方能制人

自制力是控制、管束自己欲望和情绪的本领，每一个人只能先懂得自制，方能制人。真正的自制者永远不为当前的诱惑所动，永远站在高的位置，永远只看事物的本质。

明代有个典史曹鼎，一次抓获了一名绝色女贼，不及回县，两人便夜宿一破庙，不想那女贼屡以色相诱他，曹鼎自觉快要挺不住了，就用纸片写上"曹鼎不可"四字，贴在墙上警示自己。过了一会儿，当心痒难耐时，便把纸撕下来，可转念一想，觉得不妥，再次写，再次撕，反复十多次。一夜过去，终于挡住了诱惑。

平心而论，面对可餐的秀色，曹鼎并没做到心如止水，也有心猿意马的时候，不然那纸条何以写了撕，撕了写呢？可见他内心反复斗争的激烈程度，绝不亚于与盗贼兵刃相见。然而，他终于保全了自己清白的名声，靠的就是坚强的自制力。

"曹鼎不可"折射出来的道理，今天仍给我们以深刻的借鉴和启迪。尤其在当今纷繁复杂的社会环境中，诱惑何其多也！金钱美女、灯红酒绿等形形色色的诱惑随时随处都在吸引着那些意志薄弱者,如果你是一名管理者,应有比曹鼎层次更高、标准更严、效果更强的自制力。

遗憾的是,社会上有不少人的自制力还不那么坚定,特别是那些管理者。有的在任职初期有自制力,但随着职务的升迁,自制力就逐渐"退避三舍";有的在众目睽睽之下有自制力,一旦独处就开始心旌摇动;有的在八小时之内有自制力,而在八小时之外却消失殆尽;有的在起初有"自制力",当看到周围有人竞相捞油水,自己也就坐不住了,跟着浑水摸鱼;有的也明白自制力松动不得,但在"枕边风"的频频吹拂下,自制力就土崩瓦解了;有的在"小鱼小虾"面前有"自制力",一遇到"大鱼大虾"就垂涎三尺,不能自持,以至于陷入罪恶的深渊。

人,最了解的是自己,最不了解的也是自己,最能把握的是自己,最难把握的也是自己。管好自己,安全无虞;放纵自己,危险在即。

因此,拿破仑·希尔说:"一个人除非先控制了自己,否则他将无法控制别人。"

有一次,希尔坐车从阿尔巴尼前往纽约市。在旅程中,车上"吸烟车厢俱乐部"展开了讨论,而谈论的主题是理查·克洛克先生,他当时正担任坦姆尼协会总部主席。讨论的声音特别大,愈来愈尖刻,每个人都变得十分愤怒,只有一位老先生例外。他虽然也热烈的参加讨论,但他一直保持冷静,而且似乎很高兴其余的人以尖刻的语言批评"坦姆尼协会之虎"。当然,希尔毫不犹豫地猜测他肯定是那位坦姆尼协会主席的敌人,但事实上他不是。他是理查·克洛克本人。他的聪明之处就在于借此他可以发现人们对他的想法以及他的敌人的计划。

这也许是一件极为普通的小事,但伟大的真理往往隐藏在这类小事情之中——能够控制自己的人,不管做什么工作都能成为领导。

只有自制方能制人。已故的哈丁总统、威尔逊总统、美国收银机公司的总裁约翰·h·派特森等大人物都曾经受过诽谤和人身攻击,但是这些人并没有浪费任何时间去反击或解释。因为他们都没有这种习惯。他们都懂得,自己比企图伤害自己的人更有优势——自己拥有原谅他的能力,而他却不能。与其浪费大部分的时间及精力来进行反击,不如把这份精力用在进一步发展你的终身事业上,让你的事业成果作为对那些批评你的工作或怀疑你的动机的人的唯一回答。"观其行而知其人!"任何人若不能宽恕妒忌的敌人，就不能取得很高的地位。

曾国藩一生勤于王事，效忠朝廷，虽然说大多数时间都是逆来顺受，忠心耿耿，但每当遇有关键之处，或者说危及自己的生存之时，总是忍心坚持，不论遇到多大的困难和压力，都能自制，并且始终按照自己的既定方针办，这在他一生事业的成功中起到了重要作用。

只有内心定力极强，在大风大浪面前不起波澜，别人才无从探查你的内心。梁启超在总结曾国藩之所以能成功的原因时，认为其内心"自制之力甚难"，其成功主要得益于内心极强的自制力。

晚年的曾国藩对自制颇有心得，他说："世人都知道凡事要忍耐的道理，可又有几人能够说得清何谓坚忍？以吾之愚见，坚忍之真谛，乃得意时留三分，失意时忍三分也。"

一般情况下，待人接物，如果见到他人不对的地方，大都极端愤怒激慨，如果能设身处地替对方想想，就会心平气和，所以曾国藩强调："我们兄弟一定要在'恕'字上痛下工夫，就是无论何时何地都要设身处地地想想。我要步步站得稳，须知他人也要步步站得稳；我要处处行得通，须知他人也要行得通。"

总之，自制是一个人能力中非常重要的部分，必不可少的一部分。职场中，当你在吩咐别人做这件事情的时候，你有没有想过，我能否按照这个标准来完成？如果你认为你没问题，方能交给别人这么做。

5

理智是顺畅职场的保障

什么是理智？词典里这样写道："理智是辨别是非、利害关系及控制自己行为的能力。"而生活告诉我们,理智乃于人于事的理性观察、认定和对待。我们身处的世界是个"万花筒",我们从不停步的人生路上布满谜团,要想看清世界走好路,需要理智。

有人说,生活需要激情。是的,没有激情,就没有勇敢、创造;可是,没有理智的激情,就像无鞍蹬的野马,既不好驾驭,更不可凭借它到达目的地。又有人说,生活需要幽默。是的,没有幽默,就没有轻松、亲切、平等感;但是,没有理智的幽默,直白且肤浅,不过是一种调侃而已。因此,在生活对于人的诸多要求中,最重要的莫过于理智。

有了理智,我们才知道该做什么,不该做什么。理智认同的事八九不离十;而理智不许做的事,都是寻常状态下不应该或不能做的事。有了理智,我们才知道该怎么做,不该怎么做。理智能使人审时度势,扬长避短,走向成功。而缺乏理智的人,往往凭借一时的冲动去行动,枉费了时间、精力,到头来一事无成,甚至头破血流。有了理智,我们才能正确对待人生的各种境遇,胜不骄,败不馁。

所谓理智,就是遇事要经过思考,不能想怎么样就怎么样,爱怎么做就怎么做。没有理智和成熟思考的人,做什么事情,都只会按照自己意愿想法,随心所欲。理智的人们,无论是职场,还是日常生活中,将一件必须要完成的工作或是生活中的大事小事,都事先经过大脑,进行有理性的思考、规划后,才会抱着一种积极理智的心态,去完成任务。

有理智的人,绝不会在明知道一份不可能实现的理想,或是一场看上去很美,实际上却如"水中月,镜中花"样的情怀中,感情用事,全身心地投入。

周幽王为博爱妃褒姒一笑,烽火戏诸侯,那三百里的烽火虽映出了美人与天子片刻妩媚的欢颜,却燃起了诸侯愤怒之火,于是,犬戎挥师入侵,诸侯坐视不救,葬送了周朝的大好江山。这就是没有理智造成的恶果。

你想在社会的竞争和压力中,及时解除人生旅途上诸多的痛苦和烦恼吗?你想在挫折和不幸面前,从容地跨越思想上诸多的困惑和迷茫吗?那你就应该尽力地去拥抱理智。

首先,在亲情面前要学会理智。曾在报上看到过两起发人深省的案件。一个是因为弟弟争摊位"吃了亏",哥哥来帮忙,结果却用刀捅死人;一个是弟弟在舞厅与人发生纠纷,哥哥前来帮弟弟出气,将对方杀死。虽然，兄弟之间有难同当，有福同享，不讲条件，相互帮助，是中国人的优良传统，但关键的问题是：哥哥该如何照顾弟弟，兄弟之间该如何相互帮助？本来是件小事，你却为了表现自己对亲情的重视，竟激化矛盾，结果没有帮上兄弟的忙，反而害了他；本来可以通过正常渠道，维护弟弟的利益，你却为了表现做兄长的勇气，将弟弟带上险路，结果害人害己。现在有些人一看到家里人受了委屈，首选的不是法律而是拳头，结果害了一家人。这样的教训很多。这就是说，亲情虽然属于情感范畴，却需要理智来保护。

其次爱情也需要理智来维护。很多人在第一次爱情来临时，都表现得不太理智。当然，千万富翁的女儿也许会爱上下岗职工的儿子，甚至28岁的女孩会嫁个82岁的老头，但这些毕竟只是少数人的奇遇，相信大多数人还是要过平凡甚至平淡的日子。

有人说，一段激情过后，你会付出沉重的代价。是呀，人就是这样，需要感性，也需要理性。爱情有时就像一座火山，来临时，惊天动地，退却时，又无声无息。但你永远不知道她什么时候再次爆发。

理智是一个员工心理成熟的标志和心灵智慧的体现。优秀员工的优秀之处，就在于能够以理智对待人生，用理智的原则控制情绪，用理智的头脑驾驭行为。尤其是在职场中，我们不可能什么都得到，所以在人生的关键时刻，有时还要学会理智地放手。

6

妥善处理上下级矛盾

在工作中，领导与下属之间发生矛盾几乎是不可避免的，其中有多方面的原因。或许是领导自身素质有缺陷，思想方法与工作方法不当，或许是交换、协调、沟通得不及时，或许是在利益处理上不公正，等等。出现问题是正常的，重要的是如何解决问题。如果上下级之间的矛盾处理不好，对于上级、下属都没有好处,甚至破坏了集体的凝聚力,阻碍公司的发展。

当问题出现时,作为下属,要摆正自己的位置,尽量与上级搞好关系,而上级也不要钻牛角尖,更不要固执己见,要多用创造性思维来解决问题,以处理好与下属之间的关系。当上下级出现矛盾的时候,以下几点应该注意:

(1)在工作中,领导和员工之间由于工作上协调不一致等原因,经常会发生冲突,也许你会认为发生冲突表明你工作方式可能有问题,因而采取忍气吞声的方法来解决冲突,如此这般时间长了以后,问题会越积越多,严重干扰正常的工作。因此,有了冲突一定要直面冲突,尽快加以解决。另一方面,在冲突发生前,完全可以做好避免冲突的准备工作。

(2)如果对方脾气比较暴躁,经常首先引起冲突,你一定要不动声色地等待对方全部发泄完毕以后,再重新和他恢复刚才讨论的问题,因为发泄只是情绪宣泄的一种方式,往往在发泄完以后,还是能平心静气地听从建议的,这种方法尤其适用于员工对领导。

(3)当发生冲突时,你要相信所有的问题都有解决的方法,只是你还没有找到,你可以试着和对方讨论你们共同一致的目标、你们共同的期待,表明你们的所谓分歧只是形式上的分歧,你们讨论问题的本质都是共同的。经过这样的解释,你们的冲突就会好解决多了。

(4)如果你们代表的是各自不同的利益,你也可以请他考虑这样继续冲突下去,你们的关系会发生如何的变化,你们的合作是否会受到影响等问题,顺着这个思路,你们的冲突就会采取和平的方式解决了。

(5)如果冲突已经发生了,我们就不能采取退避、视而不见的态度,要集中精力处理眼前的问题,不要在解决冲突的过程中又提到以前的旧事,如果不小心提起以前的旧事,不但现有的冲突不好解决,新的冲突马上又要发生了。因为对于过去的旧事,必定有一个对错是非的问题,如果把矛盾的焦点集中在旧事上,对现有问题的解决是徒劳无益的。

在发生冲突前,我们应当尽量避免含糊不清易发生冲突的事情,尤其是在员工和领导之间,领导分配工作时一定要确保员工能够充分了解领导的意图及期望,这样一旦发生了冲突,问题的责任就非常清楚了。这里尤其需要注意的是,领导之间先要协调好关系、意见统一,千万不能分别往下贯彻精神、要求之类的东西,让下属莫衷一是。

如何避免冲突的方法有很多,比如你说话的语气、态度等都会引起双方的冲突,在批评别人时,尽量采取平和的言语,让对方挽回面子,这样也可以减少发生冲突的机会。如果你批评时不留情面,人家也许根本不接受,你们必将会为这个问题冲突下去。还要注意"沉默"将会引起纷争,不要把沉默当成一种武器来对付对方,因为这样更容易引起大的冲突。

员工与领导的矛盾一般产生于日常工作中,要减少矛盾,从作为公司管理者一方来说,公司必须有良好的制度和流程,而且制度和流程必须高于领导,用制度去衡量员工工作,而不是领导随意定标准;对于知识工作者,虽然无法制订标准作业流程,但可运用目标管理方式,让员工开始工作前清晰认知工作目标,避免在问题出现后,才对员工进行告知和批评。

企业要想员工对企业有归属感,就必须有优秀的、让员工认同的企业文化,只有优秀的企业文化才能凝聚优秀的人才,只有让员工认同企业文化才能产生强大的向心力。在具有强大向心力的企业里,员工与领导的矛盾自然就会减少,即使有矛盾也容易妥善处理。

7

收起自己的坏脾气

脾气,是日常生活中常常碰到的普遍心理现象之一。不少人脾气急躁,遇事容易冲动,特别是对一些不顺心或自己看不惯的事,常常容易生气或怄气,有时还同人家争吵,说出一些使人难堪的话,或影响了人与人之间团结,或影响了家庭的和睦。

人的脾气有好有坏。脾气好的人无论走到哪里,都会受到欢迎,别人喜欢同他合作、共事;脾气不好的人,则常常给自己和别人带来苦恼,使别人觉得难于与之相处。有人做过调查,发现绝大多数青年在选择配偶时,都把要求对方脾气好作为条件之一。根据经验我们也知道,在一个家庭或一个人所处的小单位里,如果有一两个脾气不好的人,常会使这个家庭或集体搞不好团结。因此,改掉坏脾气不仅是为了消除个人的苦恼,而且也是为了促进家庭和睦,增强集体团结。

人的脾气的好与坏,与人生活和工作的环境有很大关系。温顺、平和、忍耐等好脾气,往往同和睦温暖的家庭环境以及良好的教养有密切的联系;而暴躁、倔犟、怪癖、任性等坏脾气,则常常与娇生惯养、过分溺爱或得不到家庭温暖、父母的要求过于严厉有关。个人生活道路的平坦或坎坷,对人的脾气和性格也会产生重大的影响。有些人年轻时脾气暴躁,犟得像一条不听使唤的牛;但经过生活的磨炼,特别是吃了坏脾气的亏,后来他的脾气就慢慢变得比较平和了,对事情也不那么固执己见。所以坏脾气是可以改变的。

当然,也有不改变的,那是由于他自己没有改变坏脾气的要求,或者有要求而没有认真地去改。

美国心理学家曾对一些上班族作过调查,50%的上班族都有过在工作中愤怒的情绪。而压抑这种愤怒的感觉是很可怕的,你会感到焦躁,甚至是对工作产生厌倦。人在愤怒的时候,做的事情往往都是缺乏考虑的,造成的后果甚至会让你在日后后悔莫及。并且,在职场中,免不了要注意很多事和人,跟同事和上司的关系就必须处理好。那么,当你感到异常暴躁,被激怒时,应该怎么做呢?

首先,我们来了解一下造成你脾气暴躁,变成"臭气筒"的根源。只有在知道原因的情况下,治疗"病症"才会找到更加合理的方案。有些人,可能在平时的生活中脾气并不坏,但到了职场上却经常感到脾气暴躁,感到愤怒,甚至是无法排解自己的愤怒。然而,造成这种现象的原因有很多。看看你是哪种情况。

(1)不满现状,不喜欢这份工作。

没有工作的人为了寻得一份工作忙里忙外,而有工作的却因为厌恶职场、深陷苦海难抽身的也不在少数。有人因找不到工作苦恼不已,有人却因为有工作痛苦不堪。若这份工作是你痛苦的根源,辞职走人又有何难?但是,辞职了,放弃这份工作真的会让你幸福吗?这个问题很值得你去深思。

其实,我们应该把注意力集中在"如何对这份工作产生喜欢的情绪或者是如何坚守自己的工作岗位"上面，不要把自己的痛苦转移到"因为这份工作是我不喜欢的"这个原因上面。应该努力消除痛苦，然后努力修身养性。

（2）和某些人合不来，在原则问题上跟你起冲突。

你为什么会生气呢？一定是有这么一个人，他的言行让你忍无可忍，觉得他触犯了你的底线。那么，你有没有想过，这些言行是不是引起了所有人的愤怒呢？不尽然。有人难以接受，有人则毫无感觉。所以，并不是某个人的言行引发了你的愤怒，而是现对于你的立场来说让你产生了错觉。也就是说，不是他令你发火了，而是你闻其言观其行后自己生了怒火。而生气是因为你认为"我对他错"，所以生气其实是在你过于执著于自己的见解或价值观时产生的反应。

因此，想不生气，将"我才是对的"这一想法放下就可以了。世界上没有绝对的对与错，你的原则在别人看来也许是不可理喻的。在发火的时候要懂得自我反省：我又偏激了，我又认为只有自己才是对的了。这，就是一种修养。

曾有人对一个监狱的成年犯做过一项调查，发现了这样一个事实：90%的人是因为缺乏自制力脾气坏才沦落到监狱的。可见，坏脾气是多么的可怕，培养一个人的好脾气又是多么的重要！

其实，愤怒是可以控制的，脾气不好也是可以改变的，关键在于掌握方法。

（1）情境转移法。当愤怒陡出时，转移是最积极的处理方法。火上来的时候，对那些看不惯的人和事往往越看越气，越看越火，此时不妨来个"三十六计走为上策"，迅速离开使你发怒的场合，最好能和谈得来的朋友一起听听音乐、散散步，你会渐渐地平静下来。

（2）理智控制法。当你在动怒时，最好让理智先行一步，你可以自我暗示，口中默念："别生气，这不值得发火"、"发火是愚蠢的，解决不了任何问题"。也可以自己在即将发火的一刻时自己下命令：不要发火！坚持一分钟！一分钟坚持住了，好样的，再坚持一分钟！两分钟坚持住了，我开始能控制自己了，不妨再坚持一分钟。三分钟都坚持过去了，为什么不再坚持下去呢？所以，要用你的理智战胜情感。

（3）评价推迟法。怒气来自对"刺激"的评价，也许是别人的一个眼神,也许是别人的一句讥讽,甚至可能是对别人的一个误解。这事在当时你便"怒不可遏",可是如果过一个小时、一个星期甚至一个月之后再评论,你或许认为当时对之发怒不值得。

(4)目标升华法:怒气是一种强大的心理能量,用之不当,伤人害己,使之升华,会变为成就事业的强大动力。要培养远大的生活目标,改变以眼前区区小事计较得失的习惯,更多地从大局、从长远去考虑一切,一个人只有确立了远大的人生理想,才能待人以宽容,有较大度量,不会容忍自己的精力被微不足道的小事绊住,而妨碍对理想事业的追求。

8

当心"职业厌倦症"

随着工作年限的增加和工作压力的增大,许多职场上的人都容易对工作产生厌倦,不想做任何事情,整天即使坐在那里不干事都会感觉累,这种现象被称之为"职业厌倦症"。这种症状正在影响着人们的工作效率和身体健康。这种症状又称为"职业枯竭症"或"心理枯竭症",是一种在沉重压力下所产生的心理疾病。

在工作的过程中,你也许会不时的感到无精打采,情绪低落,由此导致注意力难以集中,工作效率低下。这种状态正是职业厌倦症的集中表现。

李为在一家著名的 IT 公司做产品研发工作。他在这家公司已经做了 7 年了。最近一段时间,李为总是感觉心烦气躁。只要一坐到电脑前面,肯定提不起一点精神。每天一到公司,就感觉麻烦,总想着回家休息。但奇怪的是到了周末晚上,他又睡不着觉。周六很早起床都没有一点困意,反而精神非常好。李为站在阳台暗想:"为什么自己休息的时候一切正常,一上班情绪就反常呢？"

想来想去，李为怀疑自己精神上出了毛病，很有可能是患上了精神衰弱症。他便去看心理医生。但心理医生却告诉他，他精神上没有一点毛病，就是有一点职业厌倦症。

一听说自己没什么毛病，李为一下子放松了。他从来没有听过什么职业厌倦症，在他看来，这不算什么，就根本没有在意。

可是，第二周上班的时候，李为还是和上周一样，提不起半点精神，整个人烦躁不安。他产生了辞职的念头。可是，对于他这样的打工者，虽然收入不算高，但如果失去工作的话，就没有了任何的经济来源。李为在左右为难中熬到了 40 岁便提前退休了。

职场中有许多像故事中李为这样的人，他们也有和李为一样的症状，这是一种病态，应该及时治疗。那些职场中的年轻人，或者对工作充满激情的人们，千万要注意保持下去，别让自己患上这种心理疾病。

对于大多数职场中人来说，职业生涯中大致分为四阶段。

第一个阶段是职场蜜月期。这个时期的人由于参加工作时间不长，对周围的一切都有一种好奇感和新鲜感，这个时候一般会活力十足，干劲很大。在这个阶段的人通常是不知疲倦的，会通过拼命工作来打发一天的时间。

第二个阶段是工作适应期。这个时期的人，对职场已经失去了最初的新鲜感，已经逐步熟悉了工作流程。此时，需要做的，就是要适应周而复始的工作，学着忍受工作中的枯燥与乏味。之后，就会成为一个真正的职场中人。

第三个阶段是心理矛盾期。这个时期已经适应了工作环境，熟悉了工作流程，也独立做了一些项目。在工作中，或多或少会遇到一些自己难以解决的困难。面对这些困难，由于没有经验，不知如何去解决，个人的自信心在这个阶段极容易受到打击。

第四个阶段是心理厌倦期。这个时期的人已经工作多年了，该经历的都经历了，对周围的人或事已经习以为常了。早已经练就了一身"百毒不侵"的本领。因此，这一阶段的人对于身边的一切都显得漠不关心，极端冷漠。

当一个职场人士进入职业厌倦期时,心理上就已经不正常了。这类人士,早已失去了工作的激情,在工作中找不到丝毫乐趣了。如果你正处在这个阶段或是染上了这种病症,应该学会在工作中寻找一点刺激,为自己设定一个目标来激励自己。

当你患上了这种"职业病"时,应该学会通过自己的调节来消除它,不让它对你造成危害。针对这种症状,下列的几种方法是有效的治疗"良方"。

(1)在工作中不断创新

平凡的日子过久了就会麻木,平凡的工作做久了就会厌倦。如果你能在自己的工作过程中试着去创新,通过创新来提高自己的工作效率,这可是一举两得的事情,这会让你产生一种成就感,从而在工作中找到乐趣,让久违的工作激情重新回到你的身上。

(2)不断进行自我调节

工作要努力,休息要彻底。不要在工作的时候想着休息,更不要在休息的时候想着工作。当工作一段时间之后,出去度个假,放松一下自己的身心,以达到缓解压力,舒展情绪的目的。同时,定期做体检,以便让自己的身心时刻保持在一个健康的状态。

(3)学会设定工作目标

没有目标的航船容易迷失,没有目标的人容易迷茫。因此,学会为自己定一个工作目标,这样心中就会有一个奋斗的方向。一个有了奋斗方向的人,就会充满激情地工作,在工作中将自己的个人价值淋漓尽致地展现出来。

(4)做好自我职业规划

之所以会产生职场厌倦症,就是缺乏一个科学的职业规划。如果有了职业规划,就会有一个工作的依据。然后,按照自己的规划一步步去实现自己最终的梦想。这样的人会在工作中感受到成功的快乐,自然就不会对工作有丝毫的厌倦了。

第七章
磨砺习惯：良好习惯是事业成功的前提

　　好习惯是职场中优秀员工的通行准则，职场成功的终身指南。行走于职场之中，要取得卓越的成就，成为同行中的精英，并非依靠多高的天赋才智，往往是因为，你比别人多了一些良好的习惯。通过培养好习惯，重塑自己，走向卓越，改变命运。

　　职场中，一个优秀的员工，技能固然重要，但良好的习惯更重要，一个有着良好习惯的员工，才能在职场挥洒自如，游刃有余。

1

带着大脑去工作

　　最早完成原子弹核裂变实验的英国学者卢瑟福,有一天晚上走进实验室,当时已经很晚了,见他的一名学生已然伏在工作台上,于是问道:"这么晚了你还在干什么?"

　　学生回答说:"我在工作。"

　　又问:"那你白天干什么呢?"

　　答:"我也在工作。"

　　又问:"那么你早上也在工作?"

　　答:"是的,教授,早上我也在工作。"

　　这时,卢瑟福提出了一个问题:"这样一来,你用什么时间思考呢?"

　　分析古今中外凡是有重大成绩的人,我们不难发现,他们除了刻苦学习勤奋工作之外,都给自己留下了一些思考的时间。

　　据说爱因斯坦建立狭义相对论,用了十年的时间。他说:"学习知识需要思考、思考、再思考,我就是靠着这方法成为科学家的。"

　　伟大的思想家黑格尔在著书立说之前,曾缄默六年,不露锋芒。在这六年中,他以思考为主,钻研哲学。哲学史学家认为,这平静的六年,其实是黑格尔一生中最重要的时刻。

　　牛顿从苹果落地发现了万有引力,有人问他有什么诀窍,他回答说:"我并没有什么方法,只是对于一件事情做长时间的思考罢了。"

　　卡笛尔有一句名言:"我思故我在。"说得多好啊。

　　有这么一个寓言:

上帝在造完万物及人类之后，让他们在地球上按照各自的生活方式去生活，上帝只是用慈祥及欣慰的目光注视着一切。忽然有一天，人跑来找上帝。

看着满脸委屈的人，上帝问道："你有什么事呀，我的孩子？"

"这太不公平了！"人叫喊着说："您看，我跑不过马、兔子他们，也没有大象、牛的力气大，不能像鸟儿在天上飞，不能像鱼儿在水中游，上树摘果子不如猴子，捕食又没有老虎、狮子的爪子和牙齿……你说我该怎么办呀？"

"你的大脑比他们的都好，你可以思考呀。"上帝说道。

"可他们说，我一思考，您就会发笑。思考是没有用的。再说，好多问题我也想不明白的。"

上帝笑了，他对人说："我的孩子，我知道有些问题你一时可能会想不明白的，可是，你的优势就是你拥有智慧的大脑啊！你的大脑有 1350 毫升，你足以用它去弥补各种不足。我保证，只要你凡事好动脑思考，你就会活得比他们都好。他们都会为你所用，你将成为万物之灵。你要是不思考，也就无法生存了。孩子，你的大脑才是世上最宝贵的财富，你要好好的利用它啊！"

上帝的话说得很精辟：人的大脑，是世上最宝贵的财富。人在职场，就得思考，做事前必须学会先思考，不仅要多角度思考，而且还学会换位思考。

当然，一个人光会思考也不行，思考后就要付诸实施。实践是思考的目的，不去实践，即使想得天花乱坠也毫无意义。

我们工作在公司的各个岗位中，生产、职能、办公、后勤等部门齐全，不管你身处哪个岗位，首先要在日常的工作中，尽心尽力，多做事，多做实事，干好本职工作。当然，除了埋头苦干外，平时也要多思考，要善于思考。在工作中，我们要珍惜思维中的任何一点闪光的火花，多做多看勤思考。无论对什么事物，都要在脑中转一个"为什么"，都力求弄清它的来龙去脉，还要在与他人交流中激活思维，这样，久而久之，你的思维能力就会有明显的进步。

在以前，大多数工厂里的工作都是一些体力活，所以只需要员工用手或用脚工作就可以了。然而到了今天，工作性质发生了巨大的变化，现在企业的发展不仅需要传统的熟练工人,同时更需要能够适应新形势,用大脑积极寻找方法去工作的新型员工,他们才是职场上最受欢迎的人。

企业需要的人才,是拥有创意及应变能力的员工,能帮助企业解决问题的员工。一个企业总经理对他的员工说:"我们的工作,并不是要你去拼体力,而需要你带着你的大脑来工作。"这也就是说,在当下,一个好员工应该勤于思考,善于动脑分析问题和解决问题,凭智慧解决问题。

一天,一个制造工厂的首席执行官决定到基层转转,进行他的"走动式管理"。正当他四处走动的时候,他碰上了一个名叫特德的设备操作员,很明显特德正无事可做。他便问特德发生了什么事,这个员工解释说,他正在等一个技术员来校准设备。这个时候,特德也不失时机地向首席执行官抱怨自己已经等该技术员很长时间了,电话打了好几次,还不见人来。

首席执行官问:"特德,请你告诉我,这台设备你用了多长时间了?"

特德回答说:"哦,先生,我想大概有20年了。"

首席执行官继续说:"特德,你是不是告诉我,用了20年你还不知道如何校准这台设备?这很难让人相信。因为我知道你可能是我们最好的机械师。"

"哦,先生,"特德自豪地回答,"我闭上眼睛都能校准这个设备。但你知道,校准设备不是我的工作。我的工作描述上说了,期望我使用这台设备,并将校准方面的问题报告给技术员,但不必修理设备。我不想让任何人烦恼。"

首席执行官掩饰住自己的沮丧表情,邀请这位设备操作员到办公室,并请他拿出一份工作描述。"我要告诉你,"首席执行官说,"我们将为你写一份更有意义的全新工作描述。"首席执行官再没有说其他的话,就将那份工作描述撕掉了,并很快在一张新表上写了点什么东西,递给了特德。

新的工作描述就一句话:"用你的脑子。"

这个故事发人深省,它告诉我们,不动脑子混日子的工作时代已经过去了,一个人要想工作顺利,就得用智慧工作,时常动动脑子。

北京一家大型电子商务公司的负责人在谈到目前职场上最受欢迎的

员工的工作方式时认为，最受欢迎的工作方式是用大脑工作。因为，用脑工作的员工会去考虑如何用最低的成本、最少的时间把工作做得更好。

一家建筑公司在为一栋新楼安装电线。在一个地方，他们要把电线穿过一条20米长，但直径只有3厘米的管道，而管道砌在砖石里，并且拐了五个弯。他们开始感到束手无策，显然，用常规方法是无法完成任务的。

后来，一位爱动脑筋的装修工想出了一个非常新颖的主意：他到市场上买来两只白鼠，一公一母。然后，他把一根线绑在公鼠身上，并把它放在管子的一端。另一名工作人员则把那只母鼠放到管子的另一端，并轻轻地捏它，让它发出吱吱的叫声。公鼠听到母老鼠的叫声，便沿着管子跑去找它。公鼠沿着管子跑，身后的那根线也被拖着跑。因此，人们很容易地把那根线的一端和电线连在了一起。就这样，穿电线的难题顺利得到解决。这位爱动脑筋的装修工也因此得到了同事们的喜欢和老板的嘉奖。

这进一步说明了，凡是单位里很受欢迎的金牌员工，都是有着真正的智慧的员工，善于找方法的员工。只要有真正的智慧，才能游刃职场。

可以说，思考是人类特有的能力，在职场中，我们要养成多思考的习惯，学会用脑子去工作。努力工作是一件好事情，但是光努力是不够的，还要多动脑，多思考，凭智慧去解决问题，这样才能真正做出成绩，进而把工作做得更好、更圆满。

2

目标是做事的方向

在职场，目标是做事的方向。有的人一生碌碌无为，有的人却让生命大放光彩,做到卓越,为什么会有这天壤之别?原因便是看心中是否有目标。一个员工,如果要使自己的一生有更高的含金量,回头看过去,留下地是深深的脚印,心中就必须装有一个大目标。

有一部电视剧叫《大青椒红苹果》,是根据真人真事改编的。主人公泉子的生活原型,是北京大钟寺农贸批发市场的总经理何德泉。何德泉本来是个地道的农民,年轻力壮,曾经像很多菜农一样,天天蹬着平板三轮车进城卖菜。

后来,他在改革开放中长了见识,增了胆量。看到北京市民吃菜难,他带着伙伴们在大钟寺建起了农贸市场,满足北京市民吃菜的需求。他一心扑在工作上,为建每一个设施,打开每一条销售渠道,增设每一个服务项目,操心、跑腿、磨嘴,连家也顾不上。他做买卖讲求公平、果断,不做坑人骗人的事,所以赢得了客户信任,生意越做越大,现在市场天天客流十几万人,成交额几亿元,许多外国商人也闻讯而来。

何德泉从一个农民成了“大老板”,手里把握着北京人的日常生活。他的目标更高了,他说:“我要追求的,是更大的目标。一个十多亿人口的大国首都,难道不应该有个领头的、能反映国家经济规模、现代化的农副产品集散地和大市场吗?我的目标,就是干这个,这值得我干一辈子。至于个人的进退得失,无足轻重,很无所谓……”

何德泉一步一个脚印,朝着心中的大目标迈进,等待他的必将是成功的喜悦与辉煌。所以在工作中,只要有了目标,我们做事就有了热情,有了积极性,有了使命感和成就感。有了目标,我们就会知道自己该做什么事,知道自己不该做什么事。

有人通过调查研究得出结论,那些具有清晰且长远目标的人,几十年来都不曾改变过自己的人生目标。他们怀着自己的人生梦想,朝着一个方向不断地努力,最后他们几乎都成了社会各界的成功人士。而一些目标模糊,或者说从来都没有目标的人,他们几乎都生活得不太如意,也没有什么特别的成绩。

可见明确的目标对人生产生的深远影响,达到目标是实现梦想的重要步骤。如果一艘轮船在大海中失去了方向,在海上打转,它很快就会耗尽燃料，无论如何也达不到岸边。如果一个人没有明确的目标，以及为实现这一明确的目标而制订的计划，不管他如何努力工作，都会像失去方向的轮船。

从前有一个商人，在翻越一座山时，遭遇了一个拦路抢劫的山匪。商人立即逃跑，但山匪穷追不舍，走投无路时，商人钻进了一个山洞里。山匪也追进山洞里。在洞的深处，商人被山匪逮住了，遭到一顿毒打，身上的所有钱财，包括一把夜间照明用的火把，都被山匪掳去了，幸好山匪并没有要他的命。之后，两个人各自寻找着洞的出口。这山洞极深极黑，且洞中有洞，纵横交错。

山匪将抢来的火把点燃，他能看清脚下的石块，能看清周围的石壁，因而他不会碰壁，不会被石块绊倒，但是，他走来走去，就是走不出这个洞。最终，他力竭而死。

商人失去了火把，没有了照明，他在黑暗中走得十分艰难，他不时碰壁，不时被石块绊倒，跌得鼻青脸肿。但是，正因为他置身于一片黑暗之中，所以他的眼睛能够敏锐地感受到洞口透进来的微光，他就迎着这缕微光爬行，最终逃出了黑洞。

没有火把照明的人最终走出了黑暗，而有火把照明的人却永远葬身于黑暗之中。这说明了什么？这说明了一个道理：决定你成功的，不在于你拥有什么，而是在于你能否在黑暗中始终把握住自己前进的方向。只有沿着正确的方向努力才能获得成功，否则都只能是徒劳。

法拉第是一位英国物理学家、化学家。他的成功，首先在于给自己确立了一个奋斗目标。

法拉第二十二岁那年到英国皇家研究院当了一名助手，干一些洗烧杯、试管、准备实验用品的琐碎事情。一天晚上，法拉第看到丹麦物理学家奥斯特的一篇文章，里面写到，他在做实验的时候偶然发现，一段导线，用电池通上电流后，能使附近的磁针摆动。法拉第怀着极大的兴趣，找到电池、导线、磁针，自己也做了这个实验。简直像"魔术"一样，导线一通上电流，导线附近的磁针就像有一只无形的手在拨动，灵活地偏向一边。更有趣的是，通电导线放在磁针上面，磁针偏向一边，放在下面，磁针又偏向另一边了。法拉第被这个奇特的现象迷住了。他浮想翩翩："电能够使磁针转动,磁可不可以产生电呢?"

有些事翻过来想一想会让人进入另一种境界,法拉第是一个认真而又善于联想的人,当即他就在笔记本写下了"磁转化为电"几个字。就像在迷雾中的航船,突然看到灯塔的闪光一样,法拉第一旦产生这个想法,就把它定为自己的奋斗目标。

有一天,法拉第把铜线缠在一个圆筒上,把铜线的两端接在电流计上,然后又把一根磁石插入筒内,万万没有想到,刚一插入,电流计的指针竟动了一下,他匆忙把磁石抽出来,意外的是电流计又动了一下,他简直不相信自己的眼睛,总以为电流计出了什么毛病,于是,他把磁石在铜丝筒内不断移动拔出,一连做了好几次,电流计确确实实随着磁石在铜丝筒内的不断移动而来回摆动,他兴奋得像个孩子,欢呼、跳跃起来。"成功了! 电流产生了!"

不懈地努力,终于使美好的愿望变成了现实。法拉第做出了自己的结论:"磁能变成电,这是确定无疑的! 有了磁石,有了铜线圈再加上运动,电流就能产生出来。运动停止,电流也就随即消失了。"后来,法拉第根据自己实验的结果,创造出了世界上第一台发电机。

无疑,法拉第能在科学史上占有一席之地,就在于他发明了世界上第一台发电机,而这台发电机的问世,是他确立目标的产物。

居里夫妇在发现镭元素之前,连续四十八次实验都失败了,居里先生颇为泄气。居里夫人说:"纵使再过一百年才能找出这个元素,我只要活着一天,就绝不放弃这个实验。"结果当然是令人振奋的。

由此可知,明确的目标可以使生命变得单纯,同时能使集力集中。柔和的阳光透过放大镜的焦距,可以点燃木材。人的能力也需要凝聚。尤其是在职场上,优秀的员工都能够很快地确定自己的目标,然后朝这个目标努力。

3

一生做好一件事

一个人的生命是有限的，能力是有限的，但梦想却是无限的。因为有限的时间和能力不可能创造无限的梦想，所以人生要想有所成就，就必须做到专一、专心、专注、专业，否则短暂的一生不可能有所作为。

职场也是如此，你如果这也想做，那也想做，看见别人成功就想效仿，看到别人高薪就想跳槽，这样的员工必定会最终一事无成。因为你不是在按照自己的人生规划做事情，你缺少专注。在职场中，其实多数人的失败不是因为能力太差，很可能是因为能力太好，学的东西太多，很多的事情都可以做得来，在机会面前无法决策，往往经不起外界的诱惑。于是就不断地换行业，换企业，最后随着时间的推移，你发现自己做的事情很多，但是真正做好的事情很少。因为你有更多的选择空间，所以每次遇到困难你就转向了，跳槽了，这样你的能力得不到成长，成绩也做不出来。

有人说，人的一生成功与否，关键在于职业向导。人生在成长期是做加法，但是在发展期必须做减法。因为成长期做加法是为了提升综合素质，发展期做减法是为了缩小竞争领域，提升竞争实力。不怕千招会，只怕一招精。

做你喜欢做的事，做你能做得到的事，做对自己和社会有益的事。只要你坚持在你喜欢的领域里奋斗一生，一定会有所成就。非常遗憾的是，我们有多少人能够克制自己，一生只做一件事？

2004年12月，数学大师陈省身逝世，走完了93岁的人生。在纪念他的文章中发现，他有一个信条："一生只做一件事。"他对人说：自己只会做一件事，就是研究数学。并且他要求自己：一生做好一件事。他爱数学，有一个原因是：数学简单，只要一张白纸和一支笔就行。当红尘滚滚、诱惑浮嚣之时，他面对一道道数学题，面对白纸或黑板，就会如老僧入定一样，把这个尘世都摒绝于外。于是,他的一生得到最大的成功,他的生命能量发挥到极致。杨振宁曾说,陈省身是可以和欧几里得、高斯和嘉当并列的数学伟人。

多梅尔是法国马赛的一名警官。为了缉捕一名杀害女童埃梅的罪犯,他查了十几米高的文件和档案,打了三十多万次电话,足迹踏遍四大洲,行程达八十多万公里。多年来,由于他的心思都放在追捕凶犯上,两任妻子都先后离他而去。

经过 52 年的漫长的追捕,他终于捉住了凶手,而此时,他已经 75 岁了。他兴奋地说:"小埃梅可以瞑目了,我也可以退休了。"

有记者问他,这样做值得吗?他回答说:"一个人一生只要干好一件事,这辈子就没有白过。"

多梅尔用自己的专注,完成了自己的夙愿。对照于今的职场,员工专注做事的太少,而急于成功、喜欢跳槽的员工却太多。不少人跳来跳去,最终一事无成。相反,那些一心一意做好一件事的员工,或许能赢得更多的掌声,一步一步走向卓越。

由此可知,在办事情做工作时,集中精神是最重要的。无论我们在做什么,除了正在做的这件事情之外,别的什么事情都不要去想。如果你在工作或学习时不能认真地集中注意力,那么你无论做什么样的事情,都很难取得进展,自然就无法从中获得丝毫的满足感和快乐。如果一个人无法把所要关注的对象集中于心上,或者无法把没必要集中的对象驱逐于脑外,是很难做成任何事情的。

每个员工都要充分认识自己,了解自己的强项与弱项,真正做到扬长避短,而不能过分追求完美。生命太短暂,要想有所得必须有所失,懂得放弃的才能得到。过分计较得失的人,必将一事无成。所以我们一定要专注、专心、专业,把自己所做的工作做精、做透、做好。

当然,我们提倡的学会集中精神,是指每一次只做好一件事,把精力集中于正在做的那一件事情上。但是,如果一天之中还有空余时间,还是可以多做好几件事情的。我们只是强调,尽可能不要同时做两件或两件以上的事情,否则你花的时间再多,也可能一事无成。

4

卓越见于细节处

万丈高楼从地起，工作上更需要我们从细处着眼，从小事做起。能否把小事做好，能不能从细节中发现问题，这是我们对待工作态度的表现。只有把握好了每个细小环节，才能将工作做到完美，也只有注重把握每个细小环节，养成科学严谨的工作态度，才能取得辉煌工作成果。一个员工卓越不卓越，往往能从细节处看出。

比如有时候，公司老板或业务员要出差，便会安排员工去买车票，这看似很简单的一件事，却可以反映出不同的人对工作的不同态度及其工作的能力，也可以大概推测出今后工作的前途。

有这样两位秘书，一位将车票买来，就那么一大把地交上去，杂乱无章，易丢失，不易查清时刻；另一位却将车票装进一个大信封，并且，在信封上写明列车车次、号位及起程、到达时刻。后一位秘书是个细心人，虽然她只是注意了几个细节处，只在信封上写上几个字，却使人省事不少。

按照命令去买车票，这只是"一个平常人"的工作，但是一个会工作的人，一定会想到该怎么做，要怎么做，才会令人更满意、更方便，这也就是用心注意细节的问题了。

我国的杂交水稻之父袁隆平已 77 岁，本该含饴弄孙、颐养天年，但他却依然每天准时上班，准时下田，上午 9 点半到 10 点半，下午 3 点半到 4 点半，是他固定到试验田的时间。他这样描述自己的生活作息，"我不在家，就在试验田；不在试验田，就在去实验田的路上"。正是有了他这种对待工作痴迷与认真的态度，才有了他在实验最初的六年时间里，与两个学生一起先后用 1000 多个品种的常规水稻，与最初找到的雄性不育株及其后代进行 3000 多个测交和回交试验后没有成功而不气馁；才有了他后来带领全国各地 100 多名科研人员，在短短一年时间里用上千个品种与"野败"进行上万个回交转育，而加速杂交水稻研究进程的伟大壮举；才有了他在我国从 1976 年至 2006 年大规模累计推广杂交水稻 56 亿多亩，增产 5200 多亿公斤的巨大历史性贡献。

袁隆平的成功不是一蹴而就的，而是一个试验一个试验地做出来的。天下没有免费的午餐，也没有轻而易举的成功。比如我们很熟悉的麦当劳，就是从一家为过路司机提供餐饮的快餐店，发展至今已拥有近 30000 家连锁店、数十万员工，迅速成为全球快餐业的龙头老大，其黄金双拱门已经深入人心，成为人们最熟知的世界品牌之一。在谈到麦当劳成功经验的时候，其创始人罗·克洛克说："连锁店只有标准统一，而且持之以恒地坚持每一个细节都标准化执行，才能保证成功！"

麦当劳自创立以来一直坚持标准化执行，它在全球创造的商业奇迹表明，正是由于在经营管理中坚持了每一个细节的标准化执行，麦当劳才有了今天的辉煌成就！

例如，麦当劳为了保证食品的卫生，制定了规范的员工洗手方法：将手洗净并用水将肥皂洗涤干净后，撮取一小剂麦当劳特制的清洁消毒剂放在手心，双手揉擦 20 秒钟，然后再用清水冲净。两手彻底清洗后，再用烘干机烘干双手，不能用毛巾擦干。诸如此类的细节管理贯穿着麦当劳经营管理的始终，这些不起眼的细节管理正是麦当劳迅速发展的秘密所在。

为了方便顾客外带食品且避免在路上倾倒或溢出来，麦当劳会事先把准备卖给乘客的汉堡包和炸薯条装进塑料盒或纸袋，将塑料刀、叉、勺、餐巾纸、吸管等用纸袋包好，随同食物一起交给顾客。而且在饮料杯盖上，也预先划好十字口，以方便顾客插入吸管。这样的细节执行能不让顾客感动吗？

麦当劳总裁弗雷德·特纳说："我们的成功表明，我们竞争者的管理层对基层的介入未能坚持下去，他们缺乏的是对细节的深层关注。"

要想工作不流于一般的人，应在细节处下工夫，如果总嫌事小而放弃努力，总嫌事小而不认真做，很可能什么大事也办不好。

某公司的记账员因为账目不清，就连续一个星期夜以继日地查账，但最后还是没有发现错在哪里。账面上明明有一万元亏空，却怎么也查不出来。一遍又一遍地核对每一笔交易的收支情况，然后再核对加起来，直到最后快要把他逼疯了，但还是查不出到底错在哪里。最后，把当班的营业负责人叫来，然后大家再次核对，这次没有费多大工夫就找出了出错的问题所在，营业负责人说："看，是错在这儿。"

但是怎么把一万元写成了一万五千呢？经过仔细检查才发现，是记账员马虎，不细心造成了大错。虽然看起来是一件微不足道的事情，其中隐藏着巨大的发现。而卓越与平庸的最大区别正是体现在这些处理微不足道的小事上。

人们总是误认为，伟人就是只做惊天动地的大事。其实这是十分错误的，那些只想做大事而不愿从小事做起的人，永远成就不了任何大的功业。查尔斯·狄更斯在他的作品《一年到头》中写到："有人曾经被问到这样一个问题：'什么是天才'？他回答说，'天才就是注意细节的人。'"

不难看出，要想事业有所成就，首先要学会在细节之处下工夫，注重细节才能把工作做得让人满意，才能成就卓越。

5

自信是成功的一半

人在职场，不可能总是平平安安、一帆风顺，总会遇到这样那样意想不到的困难，我们只有拥有自信的人生态度，才会看到希望。奥里森·马登说过这样一段耐人寻味的话："如果我们分析一下那些卓越人物的人格品质，就会看到他们有一个共同的特点：他们在开始做事前，总是充分相信自己的能力，排除一切艰难险阻，直到胜利！"

自信可以让职场的我们从困境中解救出来，可以使职场人在黑暗中看到成功的光芒,可以赋予职场人奋斗的动力,更可以令职场人在学习中不断得到成长。或许可以这么说:"拥有自信自强,就拥有了成功的一半。"

　　小泽征尔是世界著名的交响乐指挥家。在一次世界优秀指挥家大赛的决赛中,他按照评委会给的乐谱指挥演奏,敏锐地发现了不和谐的声音。起初,他以为是乐队演奏出了错误,就停下来重新演奏,但还是不对。他觉得是乐谱有问题。这时,在场的作曲家和评委会的权威人士坚持说乐谱绝对没有问题,是他错了。

　　面对一大批音乐大师和权威人士,他思考再三,最后斩钉截铁地大声说:"不!一定是乐谱错了!"话音刚落,评委席上的评委们立即站起来,报以热烈的掌声,祝贺他大赛夺魁。

　　原来,这是评委们精心设计的"圈套",以此来检验指挥家在发现乐谱错误并遭到权威人士"否定"的情况下,能否坚持自己的正确主张。前两位参加决赛的指挥家虽然也发现了错误,但终因随声附和权威们的意见而被淘汰。小泽征尔却因充满自信而摘取了世界指挥家大赛的桂冠。

翻阅古今中外,上下五千年的历史,有哪一位流芳百世的伟人的业绩不是建立在远大的抱负和自信的基础上的?如果没有自信,范仲淹就不会提出"先天下之忧而忧,后天下之乐而乐"的政治主张;勾践就不会在吴国卧薪尝胆,最终也就不会出现"三千越甲可吞吴"的局面;马克思更不会凭借惊人的毅力,为解放全人类的理想贡献自己的力量而最终著成《资本论》。这些人都因自信再加上艰苦奋斗而实现了自己的远大抱负。而职场的我们也需要有这种自信自强,舍我其谁的态度,在职场中创造自己的辉煌。

　　尼克松是我们极为熟悉的美国总统,但就是这样一个大人物,却因为一个缺乏自信的错误而毁掉了自己的政治前程。

　　1972年,尼克松竞选连任。由于他在第一任期内政绩斐然,所以大多数政治评论家都预测尼克松将以绝对优势获得胜利。

　　然而,尼克松本人却很不自信,他走不出过去几次失败的心理阴影，极度担心再次出现失败。在这种潜意识的驱使下，他鬼使神差地干出了后悔终生的蠢事。他指派手下的人潜入竞选对手总部的水门饭店，在对手的办公室里安装了窃听器。事发之后，他又连连阻止调查，推卸责任，在选举胜利后不久便被迫辞职。本来稳操胜券的尼克松，因缺乏自信而导致惨败。

小泽征尔胜于自信的故事和尼克松败于自信的故事，对渴望成功做事的职场人来说，都是很有启示的。我们完全可以看出，一个职场人除了有远大的志向和顽强拼搏的毅力还不够，还应具备良好的自信，要坚信自己一定能成功。然而，职场的很多人却对自己不自信，怀疑自己本身的能力，以至于眼睁睁看着机会从眼前消失。

有这样一个故事，说的是古希腊的一位大哲学家在临终前有一个不小的遗憾——他多年的得力助手，居然在半年多的时间里没能给他寻找到一个最优秀的闭门弟子。

事情是这样的：这位哲人在风烛残年之际，知道自己时日不多了，就想考验和点化一下他的那位平时看来很不错的助手。他把助手叫到床前说："我的蜡所剩不多了，得找另一根蜡接着点下去，你明白我的意思吗？"

"明白，"那位助手赶忙说，"您的思想光辉是得很好地传承下去……"

"可是，"哲人慢悠悠地说，"我需要一位最优秀的承传者，他不但要有相当的智慧，还必须有充分的信心和非凡的勇气……这样的人选直到目前我还未见到，你帮我寻找和挖掘一位，好吗？"

"好的，好的。"助手温顺地说，"我一定竭尽全力地去寻找，决不辜负您的栽培和信任。"

哲人笑了笑，没再说什么。

那位忠诚而勤奋的助手，不辞辛劳地通过各种渠道开始四处寻找了。可他领来一位又一位，都被哲人一一婉言谢绝了。某次，当那位助手再次无功而返地回到哲人病床前时，病入膏肓的哲人硬撑着坐起来，抚着那位助手的肩膀说："真是辛苦你了，不过，你找来的那些人，其实还不如你……"

"我一定加倍努力，"助手言辞恳切地说，"找遍城乡各地，找遍五湖四海，我也要把最优秀的人选挖掘出来，举荐给您。"

哲人笑笑，不再说话。

半年之后，哲人眼看就要告别人世，最优秀的人选还是没有找到。助手非常惭愧，泪流满面地坐在病床边，语气沉重地说："我真对不起您，令您失望了！"

"失望的是我，对不起的却是你自己。"哲人说到这里，很失意地闭上了眼睛，停顿了许久，才又不无哀怨地说："本来，最优秀的就是你自己，只是你不敢相信自己，才把自己给忽略、给耽误、给丢失了……其实，每个人都是最优秀的，差别就在于如何认识自己、如何发掘和重用自己……"话没说完，一代哲人就永远离开了他曾经深切关注着的这个世界。

那位助手非常后悔，甚至自责了整个后半生。

为了不重蹈那位助手的覆辙，每个向往成功、不甘沉沦的职场人，都应该牢记一位哲人说过的这样一句至理名言："每个人都有大于自身的力量。不是因为有些事情难以做到我们才失去自信，而是因为我们失去了自信，有些事情才显得难以做到。"我们每个人都是一座金矿，关键是如何发掘自己。

6

工作因幽默而轻松

心理学家认为，幽默是人的个性、兴趣、能力、意志的一种综合体现。幽默是语言的调味品，有了它，什么话都变得中听。幽默是引力强大的磁铁，有了它，便可以把一颗颗散乱的心吸引起来，让每个人的脸上绽开欢乐的笑容。

不要以为工作是件严肃的事情,只能十分正经地对待。事实上,幽默是工作中最好的"情绪防弹衣",也是永不生锈的"情绪发动机"。如果你对工作总是牢骚满腹,意欲跳槽,不妨适时幽上一默,让自己换个心情,给自己的心情排排毒,这样不仅工作中的各种难题迎刃而解,就连跳槽的念头也打消了。而且,每个人都喜欢跟有幽默感的人一起工作,因为他们身上那种风趣,能化解工作中的沉闷无聊。另外,从情商的角度来看,幽默还是一种深厚的情绪艺术,可以完成多项职场的情绪任务。

幽默感需要的是一种嬉戏的心理架构,能让我们在任何挫折中发现勇气及希望。而这其中的秘诀,就在于适时跳开自己的角色,用第三者旁观的眼光来看待自己的处境。幽默能帮我们应付压力,度过低潮。

在职场人际交往中,幽默的情怀无疑就像湿润的细雨,可以冲淡紧张的气氛,缓解内心的焦虑,缩短彼此间的距离,是胸襟豁达的表现,即使在不愉快中也能沁人心脾。

兰卡斯特大学的组织心理学教授卡里·库柏说过:"懂得在恰当的时候逗一逗乐子,能让人们知道你很坦诚、可爱,不是机器人一样的技术专家。"由此看来,只要我们每个人每天用心撰写幽默脚本,就能真正乐在工作。

比如,办公室里不妨来一点幽默,它像职场中的润滑剂,不但能活跃气氛,带来乐趣,而且还能巧妙地化解矛盾,传递信息。幽默感也许无法真正解决问题,但有了幽默感,就能让人立刻接受现状,并在欢笑中解脱苦痛,发现出路。

职场中不乏这样的同事,品行端庄,为人朴实,但他总是一本正经,没个笑脸,让人觉得枯燥无味,可敬而不可亲。而富有幽默感的人就不同了。他们不但愉快地做事,更能愉快地说话,走到哪儿,欢乐就散布到哪儿,让办公室时刻充满阳光的灿烂气息。当然这样的人肯定有缺点,但由于有情趣,使人欢笑,使人快乐,人人都愿意与之相处。

职场中有幽默感的人,必然是感觉敏锐的人,心理健康的人,也必然是笑颜常开的人,胸襟豁达的人,别人乐意与之交往、与之亲近、与之为友的人。这里面,性格乐观,胸襟豁达很重要。一个悲观厌世者当然不懂得幽默,一个心地褊狭之人也与幽默无缘。

在工作中,当我们对同事所做的事情有不同意见时,我们可以以开玩笑的方式轻松、坦诚地进行表达,这样既能使同事认识到他们的错误,而又不至于伤害同事之间的感情。中国人常用这么一句话来排解争吵者之间的过激情绪:有话好说。这是很有道理的。据心理学家分析,措辞过于激烈、武断是同事之间发生争吵的重要原因之一,因此,我们在对同事的某些做法不满时,要善于克制自己,委婉地表达自己的意见。如果你面对的是一位不合作的同事,首先要冷静,不要让自己也成为一个不能合作的人。宽容忍让可能会令你一时觉得委屈,但这不仅表现你的修养,也能使对方在你的冷静态度下平静下来。

同事之间有了不同的看法,最好以商量的口气提出自己的意见和建议,语言得体是十分重要的。应该尽量避免用"你从来也不怎么样……"、"你总是弄不好……"、"你根本不懂"这类绝对否定别人的措辞。而应该对同事的错误采用幽默的方式来指出,不但具有幽默的意境,而且会在气氛和谐中收到事半功倍之效。

一个女员工星期一上班迟到了。男员工问她:"小姐,星期天晚上有空吗?"

"当然有,先生!"姑娘乐了。

"那就请您早点睡觉,省得您每个星期一早上上班迟到!"

运用幽默的力量不仅可以松弛同事间紧张的情绪,有时候还可以避免与同事"交火"。在工作中,同事之间容易发生争执,有时搞得不欢而散甚至使双方结下芥蒂。发生了冲突或争吵之后,无论怎样妥善地处理,总会在心理、感情上蒙上一层阴影,为日后的相处带来障碍,最好的办法还是尽量避免它。我们可以委婉表达对同事的意见,甚至运用幽默力量,化干戈为玉帛。

小王和小李都是刚进公司的小青年,小王血气方刚,容易冲动,小李则比较沉稳,具有幽默感。一次,两人工作中发生了摩擦,小王怒气冲冲地将小李拉到外面的走廊里,要找个时间选个地方跟小李决斗。

小李说:"单挑我可不怕你。不过,时间、地点及武器由我决定。"

小王同意了。

小李说:"时间就是现在,地点就在走廊里,武器用空气。"

小王一愣，然后哈哈大笑，他要做的只有挠小李的胳肢窝了。

幽默就具有如此神奇的力量，能给你带来很多意想不到的好处。著名演说家罗伯特说："我发现幽默具有一种把年龄变为心理状态的力量，而不是生理状态的。"幽默不仅能使你成为一个受欢迎的人，使别人乐意与你接触，愿意与你共事，它还是你工作的润滑剂，促使你更好更快乐地完成工作。这往往是采用别的方法所不能达到的，也是成本最低的一种方法，我们何不多加运用呢？

比尔在一家大公司工作，他常常在工作时间去理发店。一天，比尔正在理发，碰巧遇见了公司经理。他想躲，可经理就坐在他的邻座上，而且已经认出了他。

"好啊，比尔，你竟然在工作时间来理发，这是违反公司规定的。"

"是的，先生，我是在理发。"比尔镇定自若地承认："可是你知道，我的头发是在工作时间长的呀。"

经理一听，勃然大怒："不完全是，有些是在你自己的时间里长的。"

"是的，先生，您说得完全正确。"比尔答道："可我并没有把头发全部剃掉呀！"

不论其行为正确与否，单就这幽默的对答就体现出员工的信心与机智，他相信，与自己的老板开个玩笑是在当时情况下最好的处理方式，姑且不论老板听完一席话之后是否欣赏他的聪慧与口才进而提拔他，但幽默确实能化解愤怒。

由此可见，幽默还可以帮助我们拉进与上司的距离。不过生活中任何事情都不是绝对的，与上司之距离的远近也同样如此，这种距离不可太远也不可太近。如果一个人不认认真真地做好本职工作，成天围着上司转，说好话、空话，刻意拉近关系；或整天坐在那里等着上司安排工作，像个提线木偶一样，上司拽一下，你才动一动，无形中疏远了上司，都是不可取的。

需要提醒的是，"幽默应该是与人分享的——你应该找到一个共同点，而且永远不应该只针对一个人。"如果你开太多玩笑，别人可能会认为你没有内涵。同时，幽默的场合以及禁忌都应有所掌握，以免幽默失败或者引起他人的误解。

适度的幽默就像一根闪着金光的魔杖，能让苍白的办公室生出五颜六色的花朵来；幽默的笑声对我们的身心健康也有极大帮助，能舒缓大家的神经系统，提高免疫力，降低压力激素，并让皮肤看来弹性光亮。由此看来，这一健康的"排毒"方式的确应该成为我们固守工作岗位的万能钥匙。

7

让勤奋照亮职场

懒惰是人生的腐蚀剂，它使原本甜蜜的生活变得苦涩，使原本光彩的人生变得阴暗。人生的许多理想、目标、规划、希望、追求，就是因为懒惰而变得遥遥无期，无法实现。如果我们认真地思考一下，就会发现，世间的一切美好生活，人生的一切光辉灿烂，无一不是勤奋努力的结果。正如有句话所说："天下没有免费的午餐。"

你知道喜剧演员蒂姆·艾伦吗？在 1994 年，他主演的电视剧《家庭进步》收视率位居榜首；他的书《离裸体爷们儿远一点儿》在畅销榜上排名第一；他主演的电影《圣诞老人》也是当年最卖座影片。在 1995 年，动画大片《玩具总动员》里的男主角巴斯光年更是选中了他作为配音演员。

看起来，蒂姆·艾伦的运气确实不错，但实际上他却为此默默付出了十数年的辛苦。他的所有成就都来自于自己的勤奋。

蒂姆·艾伦于 1953 年出生在科罗拉多州，家中共有六个兄弟姐妹。在艾伦 11 岁的时候，父亲在因酒驾肇事的车祸中不幸遇难，从那时起，艾伦的生命中就充满了辛酸与艰难。后来，他发现幽默能够掩饰自己的痛苦，而且在幽默的过程中，他发觉自己似乎有种娱乐的天赋。但是当幽默不足以填补内心的空虚时，艾伦开始酗酒和吸毒。1978年，他因贩毒被捕，并获刑两年。

从监狱出来后，艾伦洗心革面，成为了一名搞笑能手，并开始将人生经历整理成素材，后来形成了著名的电视系列剧《家庭进步》。如果你回头看一看蒂姆·艾伦出狱后的工作经历和取得的成就，你就会相信英国第一位女首相玛格丽特·撒切尔夫人说的那句话："并不是我幸运，这是我应得的。"

所以说，我们只有不断学习，才能拥有知识和能力；只有勤奋工作，才能拥有财富和乐趣；只有不断交流，才能得到朋友和友情；只有不断思考，才能走向成熟和睿智……

平时，我们总是在赞叹别人的成功，别人的风光，别人的富有，但却不去思考他们这一切是如何得来的，其中包含了多少的汗水和心酸。如果只是坐在温室里空想，不去勤奋努力地朝着目标拼搏，无论是谁，都不可能得到自己想要的生活，到头来，只能是"南柯一梦"，空欢喜而已。

因为，不想努力，却想收获，就像"守株待兔"故事里的老农夫一样，最终只能空手而归，无端浪费生命。明白了这个道理，我们就要行动起来。在自己的岗位上勤奋工作，在自己喜欢的领域里刻苦钻研，一点点进步，有了量变才能质变，才能最终成就自己。

约翰·格兰特在一家五金商店工作，每周只能赚2美元。他刚一进商店时，老板就对他说："你必须对这个生意的所有细节熟门熟路，这样你才能成为一个对我们有用的人。"

"一周2美元的工作，还值得认真去做?!"与格兰特一同进公司的年轻同事不屑地说。

然而，这个简单得不能再简单的工作，格兰特却干得非常用心。经过几个星期的仔细观察，年轻的格兰特注意到，每次老板总要认真检查那些进口的外国商品的账单。由于那些账单使用的都是法文和德文，于是，他开始学习法文和德文，并开始仔细研究那些账单。一天，他的老板在检查账单时突然觉得特别劳累和厌倦，看到这种情况后，格兰特主动要求帮助老板检查账单。由于他干得实在是太出色了，以后的账单自然就由格兰特接管了。

一个月后的一天，他被叫到一间办公室。老板对他说："格兰特，公司打算让你来主管外贸。这是一个相当重要的职位，我们需要能胜任的人来主持这项工作。我在这一行已经干了40年，你是我亲眼见过的脚踏实地勤劳肯干的年轻人。"

格兰特的薪水很快就被涨到每周10美元。一年后，他的薪水达到了180美元，并经常被派驻法国、德国。他的老板评价格兰特时说："约翰·格兰特很有可能在30岁之前成为我们公司的股东。他的勤奋精神令人敬佩。"

现在的许多年轻人，都不会像格兰特那样愿意接受每周2美元的工作，因为他们觉得自己的付出，远远大于所得到的这区区2美元。但事实上，正是这份每周2美元的工作为格兰特每周180美元的工作奠定了基础，并为格兰特最终成为公司最年轻的股东奠定了基础。

人们往往对离自己最近的地方熟视无睹，也往往看不出日复一日的工作琐事中有什么值得挖掘的机会。初入社会的年轻人，很容易将机会与运气混为一谈，其实，机会与运气是完全不同的两个概念。运气，不需要做任何准备，只要碰上了，不费吹灰之力便能够财运亨通或直上青云。运气具有非常大的偶然性，任何人都不能拿自己的一生去赌。而机会，则常常把自己打扮成挑战或挫折，只有那些在平凡工作中善于用心并敢于接受挑战的人，那些勤奋的人，才能发现并抓住它。

时代在发展，社会在进步，这无疑更有利于我们的成功成材。但条件再好也只是为我们创造了可能，要想真正成功，还需要我们锲而不舍的努力。古人说："天道酬勤。"只有勤奋，我们才能更加接近目标，才能创造更幸福的生活。

有一家外企公司，招聘了一个名校毕业的新人，能说会道，优越感极强，很引人注意力，结果一段时间试用下来，发现此人工作不踏实，碰到繁琐的工作能躲便躲，惰性极强，很快就被淘汰。后来，另外招聘一个非名校毕业的新人，诚恳、踏实而且很勤奋，很快适应了环境，目前在那家公司发展也比较好。

通过这家外资企业的招聘之事，我们可以明白：名校毕业生并不代表实力，要获得职场成功，一定要靠勤奋。行动才会产生结果，行动就是成功的保证。如果你想成为一名深受老板喜欢的优秀员工，最好的选择便是立刻行动起来。或许，老板并不了解每个员工的表现，或熟知每一份工作的细节。但是一位优秀的管理者很清楚，努力最终带来的结果是什么。可以肯定的是，升迁和奖励是不会落在懒惰者身上的。

因为，在职场中，每个人的智商都差不多，每天我比你多工作20％，也许就意味着我成功的概率多了50％。

8 做一个"会听"的员工

有句名言说得好："善于倾听的人就是天使。"这表明善于倾听是一种肯定和赞赏的美德。倾听是与人沟通的最基本的技巧，听与说有同样的魅力。

如果你是一个善于倾听的员工，首先体现了你对别人的尊重。一个人可以耐心地听别人说话，可以给对方满足感，激发对方的表达欲望。当一个人滔滔不绝的时候，一定是感觉很棒的时候，只要耐心倾听，对方甚至可以把你当成知心朋友。

其次，你善于倾听的话，还能够充分的获取信息。每个人表达信息的方式是不一样的，可能有的人开门见山，有的人半天也说不到正题。比如经常有客户向我们提出各种问题，各种抱怨，但经常客户只是想找个对象发泄一下，并不想怎么样。或者是由于个人在生活中心情不好，看什么都不顺眼，抓到什么就拿什么来说事。这些情况都需要我们用心地去倾听，只有这样我们才能掌握尽可能多的信息，以便处理和解决问题。倾听是获取信息最直接、最有效的办法。获取信息的种类又可以分为：第一种是直接的信息，即说话者直接说出来的内容，如时间、地点、发生什么事等。第二种是间接信息，如他的口头禅，可以体现他是不是伪装。他想表达一个请求，但又有太多的说明，体现了他的不自信。

　　而且,倾听的同时可以静心地观察对方的肢体动作及表情,有时肢体动作和表情可以表达出比说话内容更真实的内容。

　　一天,美国知名主持人林克莱特访问一名想当飞行员的小朋友,林克莱特问:"如果有一天,你的飞机飞到太平洋上空熄火了,你会怎么办?"小朋友想了想说:"我会先告诉坐在飞机上的人绑好安全带,然后我挂上我的降落伞跳出去。"

　　当现场的观众笑得东倒西歪时,林克莱特继续注视着这孩子。没想到,孩子的两行热泪夺眶而出,这才使得林克莱特发觉这孩子的悲悯之情远非笔墨所能形容。"我要去拿燃料,我还要回来!"

　　看了上面这个故事,你是不是在反思自己也曾像那些笑得东倒西歪的观众一样,从来不听人把话说完,然后就发表自己的评论? 如果你是公司的员工,是不是也习惯性地随意打断同事之间的谈话? 事实上,不仅仅是你,很多人经常犯这样的错误。

　　倾听,是人们生活和工作中常见的一种人际交流方式。你说的话被别人倾听过,同时,你也在倾听别人的话。倾听讲话看似是平常小事,但通过这种小事,不仅可以看出一个人是否有礼、有心,还能看出他是否有水平。

　　从职场中许多成功者的经历中可以总结出,他们都是善于倾听者,他们深谙"活到老,学到老,进步到老"的道理;懂得"三人行,必有我师"的道理。往往能够放下架子,认真地去倾听他人的倾诉。在尊重他人的氛围中,作为向别人学习的一种有效途径,开阔视野、获得知识。同时,倾听还能够拉近彼此间的距离,加深感情,增进友谊,获得学习的好机会。当人不顺心、想不开、悲伤痛苦的时候,认真倾听他们的肺腑之言、切肤之痛本身就能减轻他们的痛苦,使其得到慰藉,更为重要的是,你获得了他们的信任和感激,从而也为你的成功铺设了道路。

　　有人曾向日本的"经营之神"松下幸之助请教经营的诀窍,他说:"首先要细心倾听他人的意见。"松下幸之助留给拜访者的深刻印象之一就是他很善于倾听。一位曾经拜访过他的人这样记叙道:"拜见松下幸之助是一件轻松愉快的事,根本没有感到他就是日本首屈一指的经营大师,反而觉得像是在同中小企业经营主谈话一样随便。他一点也不傲慢，对我提出的问题听得十分仔细，还不时亲切地附和道'啊，是吗'，毫无不屑一顾的神情。见到他如此的和蔼可亲，我不由得想探询：松下先生的经营智慧到底蕴藏在哪里呢？调查之后，我终于得出结论：善于倾听。"

豪斯先生曾是美国威尔逊总统在位时的副总统，工作非常出色。他的一位朋友曾经这样评价道："豪斯先生一向是一名好听众。他之所以能够出任威尔逊的副总统，可能多半是出于他对人恭听的态度。因为豪斯和威尔逊首次在纽约会面时，他就用善于恭听的策略赢得了威尔逊的好感，同时也引起了威尔逊对他的注意。"

心理学研究表明，越是善于倾听的人，与他人关系就越融洽。因为倾听本身就是对对方的一种褒奖，你能耐心倾听对方的谈话，等于告诉对方"你是一个值得我尊敬的人"，对方又怎能不积极回应、表现出对你的好感呢！松下和豪斯虽然都是"大人物"、"名人"，但他们在交际中丝毫没有摆出傲慢的姿态，而是恭听哪怕是初次见面者的谈话，使对方禁不住生出好感。他们这种愿意耐心倾听他人谈话的谦恭姿态，对于交际中想赢得好感的人是一个有益的启迪。

职场上同样如此，优秀员工都懂得善于利用自己的耳朵，做个懂得倾听的人，成为别人的一个忠实的听众，如此一来，对方一定会觉得自己受到了重视，从而对你产生好感，愿意同你建立人际关系；相反，而当别人说话时，你不用心听，或者也抢着说，就会使对方就失去说话的兴趣，以后也不愿意再和你交谈了。

然而，倾听这看似简单的一个细节，在工作中运用起来却很不容易。

首先，倾听上司或同事讲话时，要注视对方的眼睛。这样即使你一言不发，对方也可以看出你是在认真听他讲话。

其次，在上司作报告或指示时要主动做笔记，不能木然地坐着不动；在与同事间交流的时候，要在合适的时候提出一些问题，这样他们会认为你对他所说的话感兴趣，这是对他的一种赞美。

最后，不要突然打断别人的讲话或者急切地改变话题。这是对他们的不礼貌，是对他们的羞辱。即使你不想听，也要听下去。

在职场,心胸狭窄的人不会倾听,急于求成的人不会倾听,被利益冲昏头脑的人也不会倾听。他们过于浅薄,过于迂腐,过于自信。他们认为别人的意见会害了自己,所以这些人永远不会懂得倾听的快乐。

9

成功贵在持之以恒

"骐骥一跃,不能十步;驽马十驾,功在不舍。"同样,职场成功的秘诀不在于一蹴而就,而在于你是否能够持之以恒。

在商界,传颂着一个湖南女子持之以恒地辛勤创业的故事:

1987年,她14岁,在湖南益阳的一个小镇卖茶,1毛钱一杯。因为她的茶杯比别人大一号,所以卖得最快,那时,她总是快乐地忙碌着。

1990年,她17岁,她把卖茶的摊点搬到了益阳市,并且改卖当地特有的"擂茶"。擂茶制作比较麻烦,但也卖得起价钱。那时,她的小生意总是忙忙碌碌。

1993年,她20岁,仍在卖茶,不过卖的地点又变了,在省城长沙,摊点也变成了小店面。客人进门后,必能品尝到热乎乎的香茶,在尽情享用后,他们或多或少会掏钱再拎上一两袋茶叶。

1997年,她24岁,长达十年的光阴,她始终在茶叶与茶水间滚打。这时,她已经拥有37家茶庄,遍布于长沙、西安、深圳、上海等地。福建安溪、浙江杭州的茶商们一提起她的名字,无不竖起大拇指。

2003年,她30岁,她的最大梦想实现了。"在本来习惯于喝咖啡的国度里,也有洋溢着茶叶清香的茶庄出现,那就是我开的……"说这句话时,她已经把茶庄开到了香港和新加坡。

　　这是一个真实的乡村女青年的创业故事，故事中的小女孩最终之所以取得如此大的成功，离不开她的恒心和毅力，持之以恒是她的一种好品格，也是她走向卓越的一种好习惯。

　　古往今来，凡有所建树者莫不是持之以恒的人，都懂得养成持之以恒的好习惯是成就事业的基础。

　　晋代的大文学家陶渊明隐居田园后，某一天，有一个读书的少年前来拜访他，向他请教求知之道，看看能否从陶渊明这里讨得获得知识的绝妙之法。

　　见到陶渊明，那少年说："老先生，晚辈十分仰慕你老的学识与才华，不知你老在年轻时读书有无妙法？若有，敬请授予晚辈，晚辈定将终生感激！"

　　陶渊明听后，捋须而笑道："天底下哪有什么学习的妙法，只有笨法，全凭刻苦用功、持之以恒，勤学则进，怠之则退。"

　　少年似乎没有听明白，陶渊明便拉着少年的手来到田边，指着一颗稻秧说："你好好地看，认真地看，看他是不是在长高？"

　　少年很是听话，怎么看，也没见稻秧长高，便起身对陶渊明说："晚辈没看见它长高"。陶渊明道："它不能长高，为何能从一颗秧苗，长到现在这等高度呢？其实，它每时每刻都在长，只是我们的肉眼无法看到罢了。读书求知以及知识的积累，便是同一道理！天天勤于苦读，天长日久，丰富的知识就装在自己的大脑里了。"

　　说完这番话，陶渊明又指着河边一块大磨石问少年："那快磨石为什么会有像马鞍一样的凹面呢？"

　　少年回答："那是磨镰刀磨的。"

　　陶渊明又问："具体是哪天磨的呢？"

　　少年无言以对，陶渊明说："村里人天天都在上面磨刀磨镰，日积月累，年复一年，才成为这个样子，不可能是一天之功啊，正所谓'冰冻三尺，非一日之寒！'学习求知也是这样，若不持之以恒地求知，每天都会有所亏欠的！"

　　少年恍然大悟，陶渊明见此子可教，又兴致极好地送了少年两句话：

"勤学似春起之苗，不见其增，日有所长；辍学如磨刀之石，不见其损，日有所亏。"

陶渊明用生活中生动的例子指出了：要想真正学到一点知识，决心、信心、恒心是必不可少的。要想成就自己喜欢的事业，决心、信心、恒心同样是必不可少的；人生犹如逆水行舟，不进则退，唯有持之以恒，方有希望到达目的地。

老少皆知的"愚公移山"的故事，是恒心和毅力的最古老版本。那个雄伟秀丽的王屋山位于河南西北部济源县城西北45千米处，东依太行，西接中条，北连太岳，南临黄河。因"山形如王者车盖"，故称王屋山。王屋山绝顶海拔1715.7米，相传为轩辕黄帝祈天之所，名曰"天坛"。传说中的"愚公移山"的地方在王屋山之阳，这是一条从王屋山主峰延伸下来的南北走向的大山梁。山梁西面为愚公村，东面是小有河，愚公村的人每天要绕过山梁到小有河去取水，愚公便带领他的子子孙孙决心把它移走。现在这条大山梁中间，确实断开一条很大的山口，远远看去，像人工开挖的一样。

认定一个目标，是完成一个事业的起点，有决心和信心，向着目标矢志不渝地努力工作，定能达到目标。愚公率领他的子子孙孙们，坚定不移地干下去，结果感动了上帝，搬掉了两座大山。职场的我们只要持之以恒，对事业充满信心，坚定不移地努力工作，也会感动上帝而创造出人间奇迹，使梦想成真。

10

举棋不定是人生大忌

人生的地图上，处处是十字路口。人生如棋、落子无悔，我们不能不慎重。可以说你每一个选择都是在为自己种下一颗命运的种子，同时又有许多机会就在你选择时，有可能稍纵即逝。这个时候，你如果缺乏自信，举棋不定，你的人生很可能就此山重水复。

有人说，世间最可怜的人就是那些举棋不定、优柔寡断的人。这种性格上的弱点，可以破坏一个人的自信心，也可以破坏他的判断力，大大有害于他的精神能力。只要人有举棋不定的习惯，到最后往往是一无所获，成不了大事。因为这种习惯最容易让时机从身边跑掉，让别人得到先机！

在职场中，有些员工简直优柔寡断到无可救药的地步，他们不敢决定任何事情，不敢担负起应负的责任。而他们之所以这样，是因为他们不知道事情的结果会怎样——究竟是好是坏，是凶是吉。他们常常对自己的决断产生怀疑，不敢相信他们自己能解决重要的事情。因为犹豫不决，很多人使自己的美好想法陷于破灭。

对于职场来说，犹豫不决、优柔寡断是一个阴险的敌人。在它尚未伤害你、破坏你、限制你一生的机会之前，你要即刻把这敌人置于死地。不能再等待、再犹豫，绝不要等到明天，今天就应该开始。要训练自己养成一种遇事果断坚定的能力、遇事迅速决策的能力，对于任何事情不再犹豫不决。

愿意开始行动总比优柔寡断要好。当机立断的行事风格虽然也会让你犯错，可是，与它所带来的好处相比，那些错误就显得无足轻重了。

　　2006年，小涵在某学校做代课老师，在参加一次演讲比赛中表现不凡，当时，评委中有位名校校长，邀请她去他们学校工作。这确实是一次难得的好机遇，但她考虑到离家千里，家里的人和事丢不下，总是拿不定主意。几年后，当她想明白了，觉得应该趁年轻出去闯荡一下，锻炼一下，可是那所学校已经没有自主招聘老师的条件了。机会就这样失去了，她想，这也不能怪别人，只怪自己当时举棋不定。

其实在职场上，在生活中，有很多人一事当前总是举棋不定、犹豫不决，它是成功者最不想有的人生短板之一。

很多时候，举棋不定会让你的优势丧尽。因为优柔寡断的坏处不只是成功的障碍，它给人最大的负担是精神上的压力。通常，人们在慎重行事的同时，少一分顾虑，就多一分成功的可能，可优柔寡断这块性格短板只会让先机尽失。

曾听过一个让人深思的故事：

某地发生水灾，整个乡村都难逃厄运，村民们纷纷逃生。一位上帝的虔诚信徒爬到了屋顶，等待上帝的拯救。

不久，大水漫过屋顶，刚好有一只木舟经过，舟上的人要带他逃生。这位信徒犹犹豫豫不肯上木舟，木舟就离他而去。片刻之间，河水已没过他的膝盖。刚巧，有一艘汽艇经过，来拯救尚未逃生者。这位信徒还是犹豫不定，汽艇只好到别的地方救其他的人。

几分钟后，洪水高涨，已到了信徒的肩膀。这个时候，有架直升机放下软梯来拯救他。他仍然不肯上飞机，说："你们先走吧，上帝会救我的！"直升机也只好离去。最后，水继续高涨，这位信徒最后被淹死了。

死后，他升上天堂，遇见了上帝。他大骂："平日我诚心祈祷您，您却见死不救。算我瞎了眼啦。"

通过这则故事我们不难悟出，举棋不定是人生大忌，我们做事不仅要多谋，还要善断，一个成功者的突出特点就是性格果决，多谋善断。缺乏果断品质的人，遇事优柔寡断，在做决定时，往往犹豫不决，而在做出决定之后，又不能坚决执行。那些缺乏迅速果敢和机动灵活应变能力的人，只能坐失良机。

那么，怎样才能克服举棋不定、优柔寡断的坏习惯，培养良好的果断品质呢？应从下面这几个方面下工夫：

第一，要有广博的知识和丰富的经验。谋略与知识是密不可分的，只有知识面广才能足智多谋，孤陋寡闻的人，只能导致智力枯竭。诸葛亮在未出茅庐之时，就上知天文下知地理，对天下大势了如指掌，就已经制定了东联孙吴，北拒曹魏，三分天下有其一的对抗战略。可见他能果断地制定"空城计"的谋略也就不足为奇了。

第二，果断是经过充分估计客观情况，认真研究和掌握交往对象的各种情况而产生的谋略。曹操率领百万大军进犯江东孙权疆界，东吴朝野上下，主战主降者各执一词，孙权也犹豫不决。出使东吴的诸葛亮，详细分析了曹操的各种情况。诸葛亮认为，曹操号称百万之师，其实不过四五十万,而且投降兵将多,军心不稳,没有战斗力;曹兵皆北方人,不服南方气候、水土、不习水战,难以制胜。这样的分析,使孙权点头折服,接受了诸葛亮的东吴与西蜀联手抗曹的谋略。这从降到战的转变,正是由于分析和掌握作战对象的情况而制定的。诸葛亮设计"空城计",也正是他经过深思熟虑后对司马懿心理状态的正确判断。正如诸葛亮后来所说:"此人料吾生平谨慎,必不弄险,见如此模样,疑有伏兵,所以退去,非吾冒险,盖因不得已而用之。"

第三,要把握时机,适时地做决定。俗语说:"机不可失,时不再来。"谋略要适合一定的机会,一定的谋略总是在特定时间和地点,在特定条件下才能成功,谋略也是随着时间、地点、条件的变化而变化。

在《钢铁是怎样炼成的》一书中曾讲述过这样一段故事:

保尔·柯察金在途中见到自己的战友朱赫来被敌人的一个士兵押解着。这时,保尔的心狂跳起来,猛然想起自己衣袋里的手枪。于是决定等他们从身边走过时,开枪射死敌人的士兵,但是一个忧虑的念头又冲击着他:"要是枪法不准,子弹万一射中朱赫来……"就在这一刹那之间,敌士兵已走近面前,在这关键时刻,保尔出其不意地扑向那个士兵,抓住了他的枪,死死地往下按……朱赫来终于得救了。

这段故事充分表现了保尔·柯察金的这个决定是果断有力的,他如果在关键的时候举棋不定,优柔寡断,那么结局恐怕又得改写了。人生和职场,很多时候不都是这样吗?该拿主意的时候一定要当机立断。

11

今天,你感恩了吗?

生而为人,我们要感谢父母的恩惠,感谢国家的培养,感谢师长的教导,感谢大众的热忱帮助。没有了这些条件,我们能够在社会上生存下去吗?感恩不仅仅是一种美德,感恩是一个人之所以为人的基本条件!

许多成功人士在谈到自己成功经历时,往往过分强调个人努力的因素。事实上,每个登峰造极的人,都获得过别人的许多帮助。一旦你订出成功目标并且付诸行动之后,你会发现自己不断获得许多意料之外的支持。你应该时刻感谢这些帮助过你的人,感谢上天的眷顾。

人在职场,我们要学会感恩,感激给我们提供工作舞台的人。这是我们获得职位,取得成就必须具备的一种心态!

时常怀有感恩的心情,你会变得更谦和、可敬且高尚。每天都用几分钟时间,为自己能有幸成为公司的一员而感恩,为自己能遇到这样一位领导而感恩。所有的事情都是相对的,不论你遇到多么恶劣的情况。

当你准备辞职调换一份工作时,同样也要心怀感激之情。在辞职前仔细想一想,自己曾经从事过的每一份工作,所带给自己的每一点收获和教益,这些都是你走向人生未知旅途的能力储备。

与溜须拍马不同,感恩是自然的情感流露,是不求回报的。一些人从内心深处感激自己的领导,但是由于惧怕流言蜚语,而将感激之情隐藏在心中,甚至刻意地疏离老板,以表自己的清白。这种想法是何等幼稚啊!如果我们能从内心深处意识到,正是因为领导费尽心力地工作,公司才有今天的发展,正是因为领导的谆谆教诲,我们才有所进步,那么就会心中坦荡,又何必去担心他人的流言蜚语呢?因为,真正的感恩是真诚的,发自内心的,不是为了某种目的,迎合他人而表现出的虚情假意。

感恩并不仅仅有利于公司和老板。对于个人来说,感恩是富裕的人生。它是一种深刻的感受,能够增强个人的魅力,开启神奇的力量之门,发掘出无穷的智能。感恩也像其他受人欢迎的特质一样,是一种习惯和态度。

你是否曾经想过写一张字条给上司,告诉他你是多么热爱自己的工作,多么感谢在工作中获得的机会?这种深具创意的感谢方式,一定会让他注意到你——甚至可能提拔你。感恩是会传染的,领导也同样会以具体的方式来表达他的谢意,感谢你所提供的服务。

感恩没有成本付出,却是一项重大的投资,对于未来极有助益,所以永远都需要感恩。推销员遭到拒绝时,应该感谢顾客耐心听完自己的解说。这样才有下一次惠顾的机会！领导批评你时，应该感谢他给予的种种教诲。

同时，我们也不要忘了感谢周遭的人——我们的朋友和同事，因为他们了解你、支持你。大声向他们说出你的感谢，让他们知道你感激他们的信任和帮助。很快地，你将会发现，生活和事业因感恩而变得更美好！

在职场上，常会遇到员工不懂得感恩的情况。据说有 80％的员工曾经骂过自己的老板，但是，却没有 20％的员工对老板感恩戴德。这并不是因为绝大部分的老板都是不谙人情之徒，最重要的恐怕还是员工没有学会感恩。

某高新企业新进了一名大学生，叫吴敢，他刚走出大学校门，除了脑子里存有的一些理论知识外，可以说什么也不懂。一开始，公司给予了他周到的照顾，考虑到他家在外地，给他单独安排了一间房，在工资待遇上，也给予了他相对不错的薪水。公司也非常看重他，着实把他当人才来培养，把他安排到公司各个关键部门去实习。吴敢头脑灵活，学习也非常认真，公司更加看重他，一年以后，公司派他去国外学习两年，学习期间，工资全额照发，学习费用全部由公司承担。就这样，两年过去了，吴敢学成归来，公司立马安排到技术部门做助理，委以重用。没想到，没过两个月，吴敢把辞职报告递交到老板的办公桌上，原来，另一家同行业高新企业通过猎头挖他，许诺给予他更高的职位和高于他目前几倍的薪水。

公司老板当然不同意他离职，如果一定要离职，返回公司为他支付的工资和培训费，但是由于公司当时人事管理不规范，当时只和吴敢达成口头协议，没有正式签订培训协议，最后，只能眼睁睁地看着吴敢离开，而毫无办法。该公司为吴敢支付了几十万的费用，还投入了大量的时间和精力，而吴敢几乎没有为公司做过任何贡献就拍拍屁股走人，公司成了实实在在的为他人作嫁衣的"冤大头"了。

这件事如果从法律的层面来讲无可厚非，毕竟公司和吴敢没有签订培训协议约定此事，但如果从情理的层面来讲，吴敢是一个明显的见利忘义的小人，最起码也是一个不会感恩的人。就像养父母一样，他们把你养大了，让你有出息了，最后你却抛弃他们了，不认他们了。为什么现在许多企业不愿招聘应届毕业生，就是因为他们刚开始什么都不懂，等把他们培养成人了，他们却潇洒地离开了，这些都无法用法律能够约束的。

企业和员工之间，不单单是简单的雇佣与被雇佣之间的关系，也是一种道德契约关系。就像人与人之间，如果没有爱，没有情感，而是单纯靠法律来维护人与人之间的关系，那么这个世界一定是满目凄凉。

在职场上，做到学会感恩，其实很简单，平时工作努力，乐于奉献，不斤斤计较，不见利忘义。

可见，一个员工只要心怀感恩，才能快乐工作，才能免除浮躁。如果无诚信可言，命中注定将一事无成，永远不被人们所敬重。

12

终身都需要学习

古人言："吾生而有涯，其知也无涯。"这"有涯"和"无涯"的对比，才让我们认识到"终身学习"的重要性，成为越来越多的员工的话题与实践。

人生一世，纵是百年之久，也不过弹指一挥间。而大智慧与真幸福，大学问与真境界，却是无数人，终其一生也难得其要。世间少有生而知之者，无论学习是后天知识积累的过程，还是先天记忆复苏的过程，人都需要通过种种途径、方式与场景，主动寻求教化，主动解放自身，主动追求突破。

孔子的一生，便是逐步提升、日益觉醒、直至大悟的一生。十五有志于学，三十成家立业，四十不为外物所惑，五十学易而知天命，六十耳顺，七十随心所欲而不逾矩，正好表明：立志在先，无志不足以广学；"而立"只是基础，决非最后归宿；仅知世间人事，并非多智；须知天命，才算真知之始；已知真理大道，还得战战兢兢；虽得大自在，还得维持世俗常态。从立志到求学，从做人到处事，从格物到悟道，从正心到归真，发展脉络清晰。

西方智者苏格拉底，则以"我无知"而著名。正因自知"无知"，所以毕生探索、追问不止。柏拉图之所以拜他为师，即因其自称"无知"：惟其"无知"，才能如海之位卑，纳尽百川。苏格拉底最终进入何等佳境，并非寻常人们可以明断。然而有两点，谁都可以见证：由他一脉相承的柏拉图、亚里士多德等人，真正开启了人类的西方文明；他宁愿喝下毒药，也不苟且逃生，足见其精神高度，早已洞明生死。

圣人终身学习，必至超凡脱俗的化境。君子终身学习，不啻技艺精益求精，人情亦必愈益练达，人格亦必愈益美善，人心亦必愈益淡泊。游一回岳阳楼，范仲淹"先天下之忧而忧，后天下之乐而乐"的胸怀，必比洞庭湖更为浩大。纵观中华史册，但凡留下浓墨重彩的先贤，无一不是终身学习的典范，无一不在如履薄冰一般忧戚自我与天下，无一故步自封于学问、识见、道德、心性的止境。

技术日新月异，个体如不终身学习，势必落伍；企业若不成为学习型组织，产品或服务便被潮流所唾弃。因为欲望没有边际，谁都想要追求利益的最大化与成功的最大化，所以"终身学习"常被视作达成目标的良方。

不管时代怎样变化，终身学习这一点是不变的。一代伟人毛泽东说过："饭可一天不吃，觉可一天不睡，书不可一天不读。"高尔基也说过："读书越多，精神就越健壮而勇敢。"汉语拼音之父周有光年逾百岁仍然每天坚持读书学习写文章，中国一大批科学家都是学习到老，科学研究发明创造到老的典范。

艺术界的名演员，都是很有天赋的人，但他们仍会分秒必争地认真习艺，不断地下工夫，提高自己的演技。如果报纸上的影评、剧评指责他的缺点的话，他会一夜不眠地考虑自己的缺点。这就是我们能鉴赏到优秀演出的原因。同理，对职场中人来说，平时认真地磨炼和努力是同样重要的。没有不断地努力和磨炼，是绝对不能适应职海大潮的冲击的。不懂得终身学习，你的前程必然黯淡无光。

尽管"活到老学到老"，这是一句老生常谈，但是做起来比说起来不知要难上多少倍。世上有不少人，当他们能够深切地体会到"人的一生都必须学习"的时候，就是生命临近终结的时候了，虽然悟出了真理，但能够用于自己实践的时间却所剩无几了。

也许，作为职场人士，你多年来的辛勤工作，终于赢得了上司的赞赏，而且被一致公认为整个部门最勤奋的领导,然而,你仍没有晋升机会;或者,事实上,你服务的部门进度缓慢,在短时期内,根本就没有任何升迁机会。这是为什么？关键就在于,你自己缺乏升职的实力。遇到这种情况,你可以向人事部或员工训练部查询一下,公司方面有什么课程适合你攻读的,尤其是那些与你工作有关的课程。如果有,请抓紧机会向上司申请。即使要花些工余时间也是值得的,因为这样的投资,对日后的工作或多或少准会有帮助。

现任 Adobe(奥多比)公司大中华区经理的皮卓丁,没有任何海外留学和工作经验,却能坐到 IT 跨国公司大中华区经理的位置。究其原因,就是皮卓丁善于学习,及时给自己充电的结果。

在去 Adobe 之前,皮卓丁曾经在联想、莲花软件公司工作过。皮卓丁在莲花任职时,他深知自己的短板:英语能力差。于是就很自觉报班学习英语。几个月后,等来了一次升职机会。但有人却提出异议:"他连英语都不会说,以后怎么与人交流!"而皮卓丁却毫不含糊:"三个月后你再来,我一定让你们刮目相看!"果然,几个月后,皮卓丁操着流利的英文讲话,众人都惊讶得哑口无言。而皮卓丁则笑着说:"幸好我提早有所准备,否则我再聪明,也来不及'临时抱佛脚'了。"

时刻给自己充电,这是每个职场人应具备的危机意识。如果你既想"往上爬"又不去主动学习新知识,所谓"强中自有强中手",那么就会有原本条件不如你、但因后天的努力充电而实力超过你的人走在你前面,而你眼睁睁地看着人家抢走那把"交椅"或被上司捧在掌心,你会后悔莫及。

过去人们把学习活动作为目标来实现,一旦实现学习目标,学习就告一段落,因此学习具有强烈的功利性。正是这种强烈的学习功利性,使学风浮躁,文风不正。现在我们要把学习当成人生永恒的使命,更加自觉地加入终身学习的行列。一个从大学里出来的学生一辈子不用再走进教室的情形已经成为历史。要想在激烈的职场竞争中生存和获胜,每个人和组织都必须以更快的速度学习,必须时刻学习、终身学习。"活到老,学到老"将不再是少数人自勉的警句,而是一种现实状态。

第八章
爱岗敬业:像热爱生命一样热爱工作

　　任何一项事业背后,必然存在着一种无形的精神力量,这种力量就是敬业精神。敬业的前提条件是要热爱你的工作,要是你不喜欢也不热爱你的工作,在工作的时候没有饱满的激情,你的敬业精神也就无从谈起。而你一旦拥有热情,像热爱生命一样热爱工作,就可以创造出奇迹。生命因职业而具有意义,因工作而精彩,热爱工作其实也就是在热爱生命。

1

敬业是幸运的土壤

在舜帝时代，黄河流域洪水泛滥，人们深受其害。舜帝派鲧治水不成，又派禹继父业治水。当时禹刚刚结婚，他离家外出，带领大家沟通九河，引济漯水入海，把汝汉淮泗导入江。他用了13年时间，终于制伏了洪水。禹在治水过程中公而忘私，三次路过家门，也不进去看一看。他把天下有人淹死看成是自己失职，劳心劳力，全心全意治水。这就是我们祖先克己奉公的敬业精神，一直受到后人景仰。

美国著名心理学博士艾尔森曾对世界100名各领域的杰出人士做了一项问卷调查，结果让他十分惊讶——其中61%的人承认，他们所从事的职业，并非他们最喜欢的，至少不是最理想的。一个人竟然能够在自己不太理想的领域里，取得那样辉煌的业绩，除了聪颖和勤奋，靠的还有什么呢？艾尔森博士又走访了多位商界英才，纽约证券公司的金领丽人苏珊给了他一个满意的答案。

苏珊出身于中国台北的一个音乐世家，她非常喜欢音乐，却阴差阳错地考进了大学的工商管理系。尽管不喜欢这一专业，但她学得很认真，每学期各科成绩均是优异，毕业时，她被保送到麻省理工学院，并拿到了经济管理专业的博士学位。

如今已是美国证券业界风云人物的她，依然心存遗憾地说："老实说，迄今为止，我仍说不上喜欢自己所从事的工作。如果能够让我重新选择，我会毫不犹豫地选择音乐，但我知道那只能是一个美好的'假如'了，我只能把手头的工作做好……"

艾尔森博士问她："你不喜欢你的专业，为何你学得那么棒？不喜欢眼下的工作，为何你又做得那么优秀？""因为我在那个位置上，那里有我应尽的职责，我必须认真对待。"苏珊的眼里闪着坚定，"不管喜欢不喜欢，那都是自己必须面对的，都没有理由草草应付，都必须尽心尽力，那是对工作负责，也是对自己负责。"

苏珊的话很耐人寻味——"因为我在那个位置上"，凝聚了她对自己所从事的工作的敬重，凝聚了她不甘平庸的理念。正是她的这种"在其位，谋其政，成其事"的敬业精神，让她获得了令人瞩目的成功。很多人常常无法改变自己在工作和生活中的位置，但完全可以改变其对所处位置的态度和方式，自然，也会因此找到许多的乐趣，从而拥有骄傲的人生。

作为一名职业篮球选手，乔丹的敬业态度的确是无与伦比的。为了比赛的胜利，他可以放弃娱乐和休息，拼命苦练。长期艰苦的技巧和体能训练是乔丹获得成功的根本保证。乔丹在他的自述中提到了成功的"秘诀"："为什么当我需要在赛场上最大限度地发挥潜能时，我能够做到呢？因为我以前曾经做过，它是我准备工作的一部分。我到达过那种水平，我知道它在什么地方——如何获得用以对付比赛的突发情况。"

英国科学家约翰·道尔顿最伟大的贡献是创立了科学的原子学说，为近代化学和原子物理学奠定了基础，是科学史上划时代的成就。他致力于气体成分、性质等的研究，35岁时总结出关于混合气体压强与各组分气体压强关系的气体分压定律，44岁时被选为英国皇家学会会员。他从12岁时起从事教育工作，直到逝世。他在担任初中物理教员期间，开始对自然界进行观察研究，特别是每天详细记录气候变化，竟坚持56年之久，直到逝世前几小时，还记下了最后一次观测结果。这时正好9点差一刻，每晚都是这个时候记录气象数据。78岁的道尔顿记下气温和晴雨表的数据，刚写下"微雨……今晚"便躺下了，睡着了，从此再也没有起来。

我们从上述人物的身上看到的，是闪闪放光的敬业精神，而正是这种敬业，才使他们的事业有了幸运的土壤，最终获得成功。在当今社会，这种敬业精神更不能丢，更值得提倡。

假如你是企业老板,你制定了雄心勃勃的企业发展战略,有了完美的企业经营模式,有了高效的组织结构,但是,这些你的竞争对手也有。如果你想赢,还要寻找别的东西。有了远大目标,你还需要组织成员具有敬业精神。因为敬业的员工总是竭尽全力做好他们的工作,员工的敬业度对企业的最终绩效有重大影响。敬业的员工为提高产品质量、为改善对顾客服务的态度或为削减成本总是竭尽所能把工作做得尽善尽美。他们给组织带来新思想,给团队注入活力与承诺,把企业人才的流失率降到最低。

如果你的企业成员都是十分敬业的,他们会跑得更快,跑得更远,你企业的绩效就会赶上或超过竞争对手。

假如你还是一名员工,更需要有敬业精神。

张红和袁武大学毕业后,到一家销售公司去做销售,他们通过努力得到了很好的回报,二人也都因此改善了生活条件。不同的是,张红每天都在算计,多努力一点会有多少回报,而没有回报的事通常选择不做,很庆幸的是,他的运气很好,总是让他得到很好的客户。虽然赚钱是大家共同的目的,但是袁武就没有那么幸运了,刚开始的时候十天半月甚至几个月没有一个客户与之签约,但是他也没有气馁,每天都找自己的原因,找尽量多的客户,打尽量多的电话,功夫不负有心人,终于还是让他找到了第一个签约的客户,这并没有使他觉得成功而得意,相反他再接再厉,每天做更多的工作,除此之外,还学习一些销售的技巧和运营的技能。

5年过去了,张红仍然在别人手下从事销售工作,其收入时好时坏,完全不能由自己掌控,而袁武却当上了老板,自己开起了销售公司,而且经营有道。

从这个事例中我们可以看到,两人对待工作的不同态度,除了坚持之外,还要敬业,每天多努力一点,多做一点,每天多审视自己是不是竭尽全力去工作了,不要只是盯着钱而工作,而要带着学习去工作,即使没有获得满意的报酬,拥有过人的经验和阅历也是一笔人生宝贵的财富。只有这样,幸运才会真正降临到你头上。

2

职场是施展才华的舞台

职场是我们人生旅途拼搏进取的支点，是实现人生价值的基本舞台。珍惜职场的工作，就是珍惜生命，进而提高自己的人生价值。

曾听过一则小寓言：

客厅中一架巨大的挂钟在滴答滴答地响着。一天晚上，突然听见一阵啜泣声，于是客厅里的家具到处寻找声音的来源，最后发现，原来是秒针在哭泣。

秒针哭着说："我的命真苦啊！每当我转一圈时，短针才走一步，我转 60 圈时，短针才走 5 步。一天我必须要转 1440 圈，一星期有 7 天，一年有 365 天……我如此瘦弱，却必须得分分秒秒地转下去，我实在是不堪重负啊！"

旁边的台灯安慰它说："不要过多地去想其他的事情，你只需一步一步地往前走，在你的岗位上充分展示自己的才华，你就能够实现自己的人生理想，也会变得轻松愉快。"

的确如此，无论我们在工作中担任什么样的角色，只要是自己分内的工作，就应当尽力把它做好。再小的事、再不起眼的小角色，也有它存在的价值和意义，都是我们施展才华的舞台。

美国商界名人约翰·洛克菲勒曾对工作做过这样的注解："工作是一个施展自己才能的舞台。我们寒窗苦读来的知识，我们的应变力，我们的决断力，我们的适应力以及我们的协调能力都将在这样的一个舞台上得到展示……"

然而，职场上却有很多人仅仅把自己所在的企业当成一个完成工作的地方，工作也只是为了自己的那份薪水。他们总在盘算：我为上级做的工作应该和他支付给我的工资一样多，只有这样才公平。这种短浅的目光不但使他们的工作充满了痛苦，而且会使他们丧失前进的动力。而优秀的员工则不同,他们把工作看成一个自身生存和施展才华的平台,这样原本单调的工作就成了事业发展的一个契机。

能力得到锻炼远比薪水重要得多,企业为我们能力的提升和事业的发展提供了更多的机会。当我们的能力得到领导的认可和赞赏时,领导就会付给我们更多的薪水。企业不但是员工之间互相交流和协作的平台,也是员工学习和展示才华的平台,只有从这个意义上认识企业,我们的职业生涯才有意义,才能将工作视为企业发展的一个契机,而不是痛苦的工作。

的确,员工与企业之间存在着商业交换,他们是一种雇佣和被雇佣的契约关系。透过这层合约,不难发现两者不仅仅是合作共赢的关系,企业还为员工的发展提供了广阔的发展空间与平台,而这个平台,也是员工为之努力奋斗的源泉。

职场是一个施展自我才华的舞台。除了职场的工作没有哪项活动能提供给我们如此高度的充实感、个人使命感,以及表达自我的机会和一种人生价值的体现。职场甚至是我们活着的理由。所以,我们在职场工作中要付出自己最大的努力。

每个人都是在不断发展的过程中追求更好的生存,而不是只满足于现状,不思进取。我们要把工作当回事,不能仅仅把工作当成谋生的手段,而应该把它当成施展自己才能的舞台。只有这样,我们才能够在职场中不断地去接受新的知识,去接受新的挑战,并解决新的问题来提升自己的能力,实现自己的理想。

现实生活告诉我们,如果要满足自己的生存所需,我们需要职场工作;如果想要有很多的财富,我们需要职场工作;如果要想提高自己的社会地位,我们需要职场工作;如果想让自己的人生过得有意义,我们需要职场工作。职场工作是我们生活中极为重要的一部分,也是生命中一个必要的过程。

职场对于不同工种的人来说,意义是不一样的。那么,我们到底从工作中得到了什么呢? 是解决温饱,是实现抱负,还是使我们有一定的成就感?

曾有一份调查显示:55.06％的受访者表示工作收入只能解决温饱问题;17.26％的受访者表示工作收入能帮助自己实现理想;17.96％的受访

者认为工作给自己带来了充实感，让人生变得有意义；仅有 9.71% 的受访者从工作中获得了成就感，实现了自我价值。

　　小刘是某出版社的编辑。其实搞文字并不是他的专业，只是一个偶然的机会他进入了这一行，而且一干就是四五年。这是他没想到的。刚毕业的时候他也像其他人一样梦想着自己开公司，自己做老板，虽然具体做什么他还没确定，但是找工作的艰难让温饱问题排在了最前面，应聘了几家公司未果后阴错阳差地成了一名编辑人员。

　　出版社的事务很杂，审稿、改稿、约见作者、催收稿件、联系印刷。忙的时候连书店的事都要他管。好几次他都想离开出版社去实现自己的商业梦想，可是随着时间的推移，他的思想也发生了转变，他还是留在了出版社，因为出版社给了他不错的薪水，而且也使他在工作过程中不断地锻炼了自己。

　　随着阅历的增加，最初的冲动变成了冷静的思考，他发现出版社同样给了自己很大的发展空间，在这里他同样能有所作为。记忆中，出版社每一次成就的取得都渗透着他的汗水，一次次的难关攻克让他体味到了成就感。他不再为当初没创业而烦躁，因为他已经是出版社的二把手了，他要带领出版社全体员工走向更辉煌的未来。

正是因为他把职场当成了一个施展自己才华的舞台，才在业内做得更好。对于职员来说，不要担心自己的努力会被忽视。应该相信大多数老板是有判断力且明智的，否则为什么他是老板呢？当然，为了最大化实现公司利润，老板们会尽力按照工作业绩和努力程度来晋升积极进取的员工。那些尽职尽责、坚持不懈、把工作当回事的人，终会有获得晋升的一天，薪水自然会随之高涨。

　　其实，薪水、能力、发展空间这三者是相互关联的。为了薪水工作是必要的，而在工作中能力的提高和发展空间的无限延伸却是要自己来把握。你应该努力工作，不仅仅是为了公司，更多的还是为自己。在我们努力的同时，我们的各种能力也得到了提升，公司不但会给我们更多的薪水，还会为我们提供更多的学习机会和发展平台。当薪水不再是我们唯一的追求时，从工作中实现自己的价值，在工作中不断展现自己的才能，在业绩中得到的成就感才是我们想要的。

3

抛弃"打工"的意识

在职场上,有一本书很受人欢迎,书名叫《像老板那样工作》。

"像老板那样工作",这个说法非常有意义,它不仅告诉我们要敬业爱岗,而且告诉我们要把公司当成家,把工作当成事业。它不仅仅是一句口号,是一个号召,而是一种实实在在的信念,是一种积极的良好的心态。如果每一个员工都像老板一样工作,像老板一样为公司着想,为公司的利益努力,那样公司就会更快地发展,员工也会相应地获得更多的利益。

敬业面对的首要大敌,就是消极的"打工"意识和心态。作为企业员工,你应该把"打工"这个词从自己的词典中彻底删除。

职员入职后,面对全新的环境,心态的问题很关键。心态能改变一个人的命运,而好心态可以助人成功。在工作中,首先要抛弃"打工"的心态。"打工"是得过且过、打一枪换一个地方的短期行为,只看眼前利益,而没有长期的职业打算,这样只能终生为肤浅的"这山望着那山高"而奔波,根本无法提高自己的层次。所以说,入职后要充分了解公司的制度、产品、发展历史、发展潜力和前景,了解公司对这个岗位的要求,清楚自己的位置在哪里,而自己的能力处在什么层面,可以为公司做什么努力。主人翁的工作态度将使你工作更有激情和热情,事业才能更上一层楼。

自己当自己是什么,你就是什么,打工心态就是这样一个工作状态。"我给你打工,你付我工资,工资给得多就多做一点,工资给得少就少做一点。""你出一分钱,我做一点工作,多一点工作我不干,多一份责任我不担。"在当今时代,打工仔自居,是极其不好的工作心态。如果我们摒弃消极的打工心态,成就老板心态、树立主人翁精神,打工路上就会有更多的伯乐,打工路上就会有更多的机会,打工路上就会有更多的财富。

这就是说,如果你以老板的心态来工作,而不是以打工的心态来工作,那么,你就会以全局的角度来考虑你的工作,确认这份工作在整个工作链中处于什么位置,你就会从中找到做分内工作的最佳方法,会把工作做得更圆满,更出色。

以这种心态进行工作,你就不会拒绝上司派下的你有时间和精力来承担的工作。你会认为这是表现自己工作能力、锻炼自己技能和毅力的一次机会。

有了这样的心态,你就会因工作做得出色而使薪水得到提升,即使你没有得到提升,或你得到提升而不想做,你的能力也会得到培养、锻炼和提升,从而为你将来自己创业准备条件。

沃尔特·克朗凯特是美国著名的电视新闻节目主持人,他认为自己之所以能够在新闻行业有所成就,一个很重要的原因就是在他的学生时代,弗雷德·伯尼先生为他上的一堂课。

从孩提时代开始,沃尔特·克朗凯特就对新闻产生了浓厚的兴趣。14 岁时,他成为学校自办报纸《校园新闻》的小记者。

休斯敦市一家日报社的新闻编辑弗雷德·伯尼先生,每周都会到沃尔特所在的学校讲授一个小时的新闻课程,并指导《校园新闻》报的编辑工作。有一次,沃尔特负责采访并撰写一篇关于本校田径教练卡普·哈丁的文章。

当天有一个同学聚会,没有时间好好润色稿件的沃尔特敷衍了事地把稿子交了上去。第二天,弗雷德把沃尔特单独叫到办公室,指着那篇文章说:"沃尔特,这篇文章很糟糕,你没有问他该问的问题,也没有对他做全面的报道,你甚至没有搞清楚他是干什么的。"接着,他又说了一句令沃尔特终生难忘的话:"沃尔特,你要记住一点,如果有什么事情值得去做,就得把它做好。"

在此后 70 多年的新闻职业生涯中,沃尔特始终牢记着弗雷德先生的训导,把工作当成自己的事,彻底抛弃了"为别人打工"的做事心态,对新闻事业忠贞不渝,做好每一件他认为值得去做的事情。正因为如此,他成为了美国新闻界的风云人物。

　　这就是说,以老板的心态工作,既是为了得到那份薪水,也是为自己独立创业准备条件。所以,作为一个员工,在一开始工作的时候,不必太计较薪水的多少,而一定要注意工作本身给予你的报酬,如技能的培养、经验的积累、品格的提升等。可以这么讲,有老板心态的人最终不一定都会成为老板,但是,没有老板心态的人肯定最终成不了老板。

　　李嘉诚有一次在回办公室的路途当中,发现一枚金属硬币从眼前闪过,滚到车子下面。李嘉诚下了车,要去拣那枚硬币。在他弯腰要拣的过程中,一个门卫提前把那枚港币拣了起来,并交给了李嘉诚。李嘉诚拿过硬币,从口袋里拿出100元钞票奖励给这个门卫。

　　人们感到很奇怪,别人只是帮他拣1元钱,他却给了100元,为什么?李嘉诚说:"这一块港币,如果不把它拣起来,它可能掉到水沟里面,这个社会财富就会流失掉。我们不能让人们已经创造出来的财富和价值白白流失掉,那个门卫不仅知道珍惜财富,还懂得帮助别人,应该奖励。"

　　思想不同,对于一件事情的决定也是不一样的。决定不一样,又使得人们采取了不同的行动,行动不一样造成了不同的结果。这种节约个人和社会财富的心态就是老板心态,也就是有的人成为成功的老板,而有的人则成不了老板,或者成为了一个失败的老板。

　　王永庆,台湾首富,资产总额1.5万亿新台币,被誉为"经营之神"。王永庆最大的特点就是节俭,他的节俭程度让许多普通老百姓都无法相信。王永庆喝豆浆的故事更是广为流传:一般人喝豆浆会说:"老板,一碗豆浆,打个蛋。"王永庆则说:"老板,一碗豆浆。"然后先喝一口,再说"老板,打个蛋"——他赚了一口!

　　他曾经告诉工人说:"你们所戴的工作手套,如果一个掌心磨穿了,不妨翻过来,换戴在另一只手上再用,这便是节约能源。"王家所用的肥皂在剩一小片时,不会将之抛弃掉,而是把这块小肥皂黏附在大块的新肥皂上再使用,王永庆每天做毛巾操所用的毛巾,一用就是37年……

　　王永庆这种节俭的心态,也是真正的老板心态。如果我们的职员都像他一样,懂得为公司节省,懂得为自己节省,抛弃那种为他人做事的"打工"意识,何愁干不出成绩。

从某种意义上来说,"打工"意识真是害人不浅,长期的打工心态固化了人的思维,淡化了人的责任感,扼杀了人的创新思维,没有成本概念,缺乏长远规划。最为关键的是,打工打得越久,看问题的视角就越悲观,自己也就越自卑。所以,作为一名职业中人,即使一时不能施展自己的才华,也要抱着老板的心态去打工或者工作,没有人天生就是当老板的料,但你并非永远是一名打工者。珍惜今天的工作,认真对待每天的生活,早晚会成为老板的,只要你努力,只要你愿意。

4
正确看待"付出"和"回报"

许多人这样问:如何正确看待自己的付出、贡献与回报?如果一个人光有付出没有任何回报,这肯定是不对的;如果一个人付出后斤斤计较回报也是不对的。那平衡点是什么呢?

很多职场人在刚开始工作时,意气风发,干劲十足,但若感到自己为企业做了重大贡献却没有人重视时,或许只得到口头重视但却得不到实惠的时候,他们就会愤怒、懊恼、牢骚满腹……最终,决定不再那么努力,处处找借口,让自己的所做去匹配自己的所得。

付出就应该有回报,这似乎也是有道理的,但是对于职场新人来说,却是一种很不明智的决定,说白了也是个自己骗自己的借口。

有这样一个故事:

一棵苹果树结果了。第一年,它结了 10 个苹果,9 个被摘走,自己得到 1 个。对此,苹果树愤愤不平,于是自断筋骨,拒绝成长。第二年,它结了 5 个苹果,4 个被拿走,自己得到 1 个。

"哈哈,去年我得到了 10%,今年得到 20%!翻了一番。"这棵苹果树心理平衡了。

但是这棵自断筋骨的苹果树已经在慢慢萎缩了。如果它不是那么计较得到的回报,它还可以继续成长:比如,第二年,它结了 100 个果子,被拿走 90 个,自己得到 10 个。很可能,它被摘走 99 个,自己得到 1 个。但没关系,它还可以继续成长,第三年结 1000 个果子……其实,得到多少果子不是最重要的,最重要的是苹果树在成长。等苹果树长成参天大树的时候,那些曾阻碍它成长的力量都会消失。不要太在乎果子,成长是最重要的。

这个故事其实就是在说那些看重回报的职场人。他们像苹果树一样自断筋骨后,不再努力,几年过去后,回头看看自己的事业,发现早已没有刚工作时的激情和才华了。"老了,成熟了。"很多员工习惯这样想。但事实是他们已经停止成长,因为他们没有明白成长才是对自己最好的回报。

如果你认为现在的企业待遇不能让你满意,那么你需要提醒自己,千万别因为激愤和满腹牢骚而不去努力成长,不论遇到什么事情,都要做棵永远成长的苹果树。而从企业角度讲,应营造成长型员工的企业文化,让每个员工都有发展空间,实现自我价值。

俗话说:"一分耕耘一分收获。"付出总会有回报的,或是物质的,或是精神的,或是短期的,或是长期的。其实付出有没有回报,付出与回报是不是成等比,这些都不重要,重要的是看你的出发点和定位。

假如"别人对我多好,我就对别人多好",或是"我对别人多好,别人就应该对我多好",这些是"功利性"或"索取回报"的心态。如果存在这种付出的心态,不管付出了有多大,都不会因为你的付出而感到一种奉献后的快乐,还可能会陷入孤立被动的局面,严重地影响你的人际关系的。

付出者出现"功利性"或"索取回报"的心态,主要原因有:对回报的期望值太高,或是对回报的期望太迫切,或是回报方式与所期待的有差异。

其实在职场,你播出什么种子就会发什么样的芽,经过你的悉心管理维护,才会有丰硕的果实。同样回报与付出就好比是一对孪生子,在生活中无时无刻地存在着,无论任何时候,只要有付出就必定会得到回报。但付出与回报是并不一定都能画上等号的,有人付出多于回报,有人回报多于付出,在职场中,每天付出并得到回报,大家都会认为这是理所应当的。

我们为工作付出并希望能够得到回报不也是应当的吗？

如何看待工作中的付出与回报，有三点值得思考：

一是对公司发展的前景期望。你选择了公司，公司也选择了你，你既然到了公司，一方面是寻求公司可持续发展，另一方面是体现自己的价值。公司谁都希望给员工发放更多的薪金，这也是每个员工的愿望，但是公司也需要资本积累，从长远来看，公司在激烈的市场竞争中立于不败，需要一个良性循环，要求每个员工以主人翁的姿态投入，才能保证公司的利益与员工的收入的增加，才能让员工对公司有盼头、有奔头，自己也有成就感。

二是要看清自己，给自身一个发展的准确定位。既然选择自己的职业，就要经常告诫自己"淘汰你自己"，因为假如你不淘汰自己，可能就会被别人淘汰。因此，要提升自身发展，就必须努力学习和工作，在工作中不断积累个人"资本"，羽翼日渐丰满，才能得到源源不断的回报。否则留给你的只会是蹉跎时光的惋惜。

三是对自身投入与回报心态的正确把握。投入是一种投资，有些时候，我们并不是所有的付出都能得到应有的回报。这时候，我们就必须带着一种理性的思维去判断，把自己的付出和回报进行换位思考和比较，不要一山望着一山高，这样才能正确地理智地去干好你应该干的岗位工作。

一分耕耘，一分收获。收获的快乐总是瞬间的感受，而辛勤的耕耘总是会更长久的陪伴在我们的左右，并牵引我们的一生。

在企业里，有些人走了，有些人留下了，那些走了的人留下的位置当然会被他人很快填补上。因为这个世界没有谁是不可取代的，尤其是在职场中。所以，经常会有人从一个公司离职又进入到下一个公司，没有多久又会离开。就这样形成了一种恶性循环，因为他总处于试用阶段，因为他总是感觉当前的薪资与付出不成比例。

可是一个人如果总是处于跳槽换工作的循环内，又如何积累在这个行业的经验呢？

安下心来，认真地去做一份工作，努力些。不相信你做不出成绩，也不相信老板看到你的努力后心中会没有反应。那些经常在不同的人才市场中穿梭的朋友，安下心来好好做一份工作吧，做到让自己满意，让你的老板满意时再看看薪水待遇如何。

事实上,真正的付出,是与回报同时进行的。在你为了做一件事专注到相当程度的过程中,你已经体验了你的生命价值,因为你在尝试中接近、追求你的理想。这自然就是一种快乐,哪怕其中也有苦,你也可以体验到苦中的乐趣。因此,在一个人付出的时候,过程中的体验,已经是回报了。

5

带着使命感去工作

人在职场,每一份工作,只要是合法的,都应该带着荣誉感和使命感,如果没有这两样东西,就容易让消极占领自己,先是工作越来越被动,然后是越来越没意思。所以,我们要明白工作不仅是安身立命和养家糊口,而且也是为社会创造财富,尽管自己只是一个员工,但员工也有它的社会价值,而且,只要努力,员工也能够成为老板。

麦克尔·柯维,美国海军退伍军人,在杜邦公司工作两年的员工,曾在底特律第二次接受"年度杜邦员工最高成就奖"。他在日记中这样写道:

作为一名军人,我已获得无数的荣誉,作为一名员工,我用两年时间达到了个人职业生涯的顶峰。我出生于美国底特律南郊迪尔本镇一个普通农民家庭,19岁高中毕业后就应征入伍。1991年9月1日那天,我穿上了军装,开始了十年的军旅生涯。在这十年的军旅生活中,美国海军的"军人之魂"重新塑造了我的性格,改变了我的命运。这对我后来走上工作岗位,成为一名出色的员工,产生了深远的影响。

现在,我已在杜邦公司工作两年了。在这两年里,我第一年就被评为公司"优秀员工",第二年被评为杜邦公司唯一的"明星员工"。10月份，我幸运地被提升为分公司营业部经理。公司总部的嘉奖令上是这样写的："麦克尔·柯维先生已经把杜邦公司当成了他自己的公司，我们没有理由不奖励麦克尔·柯维先生。确实，这是我们共同的公司。"

杜邦公司对员工的这段评语告诉我们，如果一个员工对自己的工作有足够的使命感和荣誉感，以自己的工作为荣，他就会焕发出无比的工作热情。

商场如战场，企业就如同一个部队。人们希望从自身所在的组织中获得荣誉感，而使命感和荣誉感正是从公司的发展、规模、利润、领导者、产品、服务等方面获得的。要在商场中取得胜利，要让企业生存下去，企业中的每一个成员都应该意识到，自己是集体中不可或缺的一分子，要捍卫企业的使命和荣誉，为使命和荣誉而工作。

使命感是一种促使人们采取行动，实现自我理想和信仰的心理状态，是决定人们行为取向和行为能力的关键因素。富有使命感的员工，一心牵挂在工作上，没有他人的督促，就能出色地完成任务。

使命就意味着自我牺牲和忘我奋斗，意味着尽职尽责、决不张扬。人类史上最为敬业的就是那些为使命感所迫去全世界传教的牧师们，无论是非洲蒙昧的原始森林、南美洲的崇山峻岭，还是中国最为封闭的贵州、广西大山里，到处都有牧师的身影，他们前往几乎与世隔绝的穷乡僻壤、还处在茹毛饮血时代的土著部落、卫生条件极其恶劣的瘟疫流行地区，他们一辈子在那里传教，甚至老死在那里，他们不图名不图利，过着极其艰苦的物质生活，仅仅为了完成自己的神圣使命，完全忘我地工作，直至离开人世的那一天。

人们应该记住他们，他们是整个人类的职业表率，当自己的职业遇到困惑的时候，每个人都应该多想想他们。

在职场中，将工作本身看成一种神圣的使命能极大的调动人的积极性，员工对企业的责任感会随着他完成使命的行动而越来越大。从一个人的行为取向中，就会发现他的内心赋予自我的使命是什么。把自己的使命用文字写下来，对于人们把注意力集中在特定的事业之上有很大的帮助；但是行动却可以让你觉得自己的使命更为清晰、更为具体。行动会有轻重缓急之分，从行动的轻重缓急我们可以感觉到深藏于敬业者内心的那种强烈的冲动,不仅要取得成功,而且要取得巨大的成功,并且还要不断地提高自己的能力和才干。

他们与普通人的差异就在于他们相信,人是被赋予一定使命和职责的。他们的方法说起来非常简单,就是要为自己的使命作出努力和承诺。

富兰克林从一个印刷厂的学徒工成为一个州议员、政治家、科学家,进而成为美国开国元勋的人生历程,除了用富兰克林本身具有的强烈的使命感解释而外,别无其他解释说法。正是他领悟和实践着他神圣的使命感,才使他从不停止对工作的勤奋、对知识的渴求、对公共事务的热衷、对人类政治正义的不懈追求,是事业上的强烈使命感,成就了富兰克林。

有使命感的人,大多是实干家,富有极强的探索精神,勇于真心投入。他不是被动地等待着新的使命的来临,而是积极主动地去寻找目标和任务;他不是被动地去适应新使命的要求,而是主动地去研究、变革所处的环境,尽量做出一些有意义的至关重要的贡献,并从中汲取再一次走向成功的力量。

很多时候,对于具有使命感的人来说,全心全意、尽职尽责是不够的,人应该比自己分内的工作多做一点,比别人期待更多一点,如此才可以吸引更多的注意,给自我的提升创造更多的机会。率先主动是一种极珍贵、备受看重的素养,它能使人变得更加敏捷,更加积极。对于一个有使命感的员工而言,公司的组织结构如何,谁该为此问题负责,谁应该具体完成这一任务,都不是最重要的,在他心目中唯一的想法就是如何将问题解决。

我们来看看海伦是怎么做的:

对海伦一生影响深远的一次职务提升是由一件小事情引起的。一个星期六的下午,一位律师走进来问她:哪儿能找到一位速记员来帮忙——手头有些工作必须当天完成。

海伦告诉他,公司所有速记员都去观看球赛了,如果晚来五分钟,自己也会走。但海伦同时表示自己愿意留下来帮助他,因为"球赛随时都可以看,但是工作必须在当天完成。"

做完工作后,律师问海伦应该付她多少钱。海伦开玩笑地回答:"哦,既然是你的工作,大约 1000 美元吧。"律师笑了笑,向海伦表示谢意。

　　当时，海伦的回答不过是一个玩笑，但出乎海伦意料，那位律师竟然真的这样做了。六个月之后，在海伦已将此事忘到了九霄云外时，律师却找到了海伦，交给他1000美元，并且邀请海伦到自己公司工作，薪水比现在高出1000多美元。

海伦的故事给我们启发很深。社会在发展，公司在成长，个人的职责范围也随之扩大。不要总是以"这不是我分内的工作"为由来逃避责任。当额外的工作分配到你头上时，不妨视之为一种机遇。

　　具有使命感的人，是一个从不懒惰非常勤奋的人。他永远像是被人催促一样，尽快完成工作。懒惰的人花费很多精力来逃避工作，却不愿花相同的精力努力完成工作。他们以为自己骗得过老板，其实，他们愚弄的只是自己。他们最终会被解雇和降级，升迁和奖励是不会落在懒惰投机的人身上的。

　　由此可知，职业是职员的使命，具有职业使命感的人，做任何工作都不会找借口，任何时候都会视工作为使命，敬业乐群，尽职尽责，在本领域干出一番成就。

6

敬业让员工一辈子受益

　　什么是敬业？敬业，就是尊敬、尊崇自己的职业。如果一个人以一种尊敬、虔诚的心灵对待职业，甚至对职业有一种敬畏的态度，他就已经具有敬业精神。但是，他的敬畏心态如果没有上升到敬业这个冥冥之中的神圣安排，没有上升到视自己职业为天职的高度，那么他的敬业精神就还不彻底，还没有掌握精髓。天职的观念会使自己的职业具有神圣感和使命感，也会使自己的生命信仰与自己的工作联系在了一起。只有将自己的职业视为自己的生命信仰,那才是真正掌握了敬业的本质。

可以这样说,"敬业"是优秀员工的共同特征,它能让员工一辈子都受益。

一个优秀的员工,必定是一个具有高度敬业精神的人。心不在焉,敷衍塞责,绝不可能成为一名优秀员工。要想成为一名优秀的员工,首先要有敬业的精神。只有敬业的人才会想尽一切办法改进自己的工作,完善自己的工作。

一个员工,如果没有基本的敬业精神,就无法成为一个优秀的人,更难以担当大任。敬业是一种人生态度,是珍惜生命、珍视未来的表现。我们每个人都有责任、有义务,责无旁贷地去做好每一项工作,我们都应该为工作尽一份心、出一份力。

川田信彦还是学生时,他的一位相处多年的同学形容他:"他总是一边喝酒一边工作,直到深夜,累了倒地就睡,也不管满地都是金属零件。"毕业后,他到了著名的本田公司从事机械工作,很快,他的自强精神给上司留下很深的印象。1963 年,川田成了本田公司研究开发部的领导人,1990 年又被提升为首席执行官。经过几年的艰苦奋斗,他把本田发展成为了继丰田和日产之后的日本第三大汽车制造商,在国外市场上的利润也有了大幅度的提高。他还改革了公司的经营风格,鼓励雇员振作精神。他不仅与高级领导人交流,还通过征求意见、演讲和举办酒宴等方式和各阶层的职员接触,以了解情况。他说:"我告诉大家要考虑效率、速度与成效,这样才不为旧观念所束缚。"

他很注重市场的反应,针对风云变幻的市场,想出新点子。比如当他了解到年轻人喜欢"自由式"的汽车时,适时推出新款车,销量大增。

正是日本人的这种敬业精神,成就了日本战后经济的腾飞。今天,我们中国正在飞速地发展,但是,如果我们不强化自己的敬业精神,我们个人、企业和国家的核心竞争力同样无法得到增强。要提高我们的职业素质,必须从培养敬业精神开始。

在我们的企业里,员工缺乏的并非智慧和能力。实际上,现在有才华的年轻人非常多,可是,为什么一方面很多企业找不到优秀的人才,而另一方面却有很多人还是找不到工作呢? 最重要的原因,就是我们大多数年轻人缺乏敬业精神。

敬业精神,是现代人应该具备的职业道德。如果你在工作上能敬业,并且把敬业变成一种习惯,你会一辈子从中受益。

有些人天生有敬业精神,任何工作一接上手就废寝忘食,但有些人的敬业精神则需要培养和锻炼。养成敬业的习惯,或许不能立即为你带来可观的好处,但可以肯定的是,如果你养成了一种"不敬业"的不良习惯,你的成就相当有限。你的那种散漫、马虎、不负责任的做事态度已深入你的意识与潜意识,做任何事都会"随便做一做",结果不问也就可知了。如果到了中年还是如此,很容易就此蹉跎一生。

所以,"敬业"短期来看是为了公司,长期来看是为了你自己! 此外,敬业的人还有其他好处:

第一,容易受人尊重。就算工作绩效不怎么突出,但别人也不会去挑你的毛病,甚至还会受到你的影响。

第二,易于受到提拔。老板或主管都喜欢敬业的人,因为这样他们可以减轻工作压力,事情交给你放心。你如此敬业,他们求之不得。

有优秀的员工,才会有优秀的公司。有敬业的员工,才有成功的公司。为什么说敬业让员工一辈子受益呢?

1.敬业的员工对工作有耐心、恒心和决心

任何事情都不是一蹴而就的。因此,在工作中要做到不计较个人得失,吃苦耐劳,踏实肯干。不可只凭一时的热情、三分钟的热度来工作。也不能在情绪低落时,就马马虎虎应付了事。当老板吩咐你做一件事的时候,一定要坚持到底,绝不可中途打"退堂鼓",再苦再累都要尽心尽力把它完成好。

2.敬业的员工对事业有高度进取心

简单地说,各公司都喜欢那些真正想干点事情的人。这些人往往能自觉地、积极地努力,并能不屈不挠地把思想付诸行动,影响和带动周围的人工作。一个人如果缺乏进取心,在工作中抱应付态度,自然不会提出主动性建议,也不会开拓工作的新局面。

3.敬业的员工会总结经验,用巧干来完成工作

做事是要讲求效率的,虽然有时你在工作中踏实苦干,但是本来需要

一个小时就能完成的工作,你却干了三个小时甚至更长时间,同样也不会让老板对你有好感。对于工作,老板往往不看重你撒了多少次网,关键是看你网中有没有鱼,有多少鱼。因此,工作不仅要苦干还要学会巧干。

有很多人看起来工作很认真,每天都兢兢业业、埋头苦干,但忙忙碌碌的就是没干出多少成绩。这种员工不仅得不到老板的好感,反而会使老板和同事瞧不起。我们提倡勤勤恳恳工作的敬业精神,但并不是不要求工作的效率和方法。苦干是老板喜欢看到的,但老板更喜欢巧干、高效率的员工。

人在职场,只要你能时刻将敬业视作一种美德,干一行爱一行,对工作尽心尽力,你就能找到成功的秘诀。衡量优秀员工的标准有很多种,但是任何一个优秀的员工首先都是敬业的。只有敬业才能安稳地工作,在工作中发挥创造力,取得与众不同的成绩。

第九章

居安思危:职场危机意识无处不在

危机意识也是一种前瞻意识。居安思危,才能保持清醒头脑;未雨绸缪,才能防患于未然。自我陶醉,安于享乐,危险必然悄然降临。在职场,员工没有危机意识就会面临"杀机",时刻保持危机意识才会迎来"生机"。在电影《2012》中我们看到,面对滔天巨浪的袭击,人类最终采取的就是登上预先制造好的巨大船舰得以生存——在职场生存法则中,我们同样需要为自己打造一艘诺亚方舟,以备职场求生之用。

1

做有忧患意识的员工

有一位专家曾指出,强烈的忧患意识和危机理念,能够赋予企业一种创新的紧迫感和敏锐性,能使企业始终保持着旺盛的创新能力。同理,一个具有忧患意识的员工会永远保持清醒的头脑,永远立于不败之地。

此言不虚。在微软,比尔·盖茨曾反复向员工强调:"微软离破产永远只有 18 个月",意在使员工保持创新的紧迫感;葛洛夫也有一句名言:"唯有忧患意识,才能永远长存",并说英特尔公司一直战战兢兢,不敢有丝毫懈怠,"让对手永远跟着我们";张瑞敏的"战战兢兢,如履薄冰"的危机意识,早已深入到海尔的每一个员工内心深处……

我们的工作方式应随着社会形势不断变化,相应的我们的头脑也应该发生变化。如果你对这些变化不加理会并且自己也消极沉溺,那就很危险了。我们来看看松下幸之助是如何做的:

在松下公司还是无名小厂的时候,松下幸之助本人不得不亲自带着产品四处奔波推销。每次松下总要费尽唇舌,跟对方讨价还价,直到对方让步为止。

有一次,买主对松下幸之助的还价劲头钦佩不已,就向他讨教原因。松下幸之助微微一笑,扶了扶自己那副旧式黑框大眼镜,平静地说:"每次当我要脱口说'我就便宜卖给你吧'时,脑际就会突然闪现一幅工厂景象。那是什么景象呢? 正值盛夏,酷热蒸人的工厂犹如被炽火烤着的铁笼,工人们汗如雨下。"就是这么一幅场景,时刻激励着松下幸之助不能懈怠,必须兢兢业业地工作。到了 1960 年时,松下公司已是日本乃至全球著名的大企业了，松下幸之助仍然保持着危机意识。

松下幸之助说过，五十多年来，他每天都是在连续的不安中度过的，虽然时时都处在不安与动摇中，但他却具有能抑制那不安与动摇的一面，克服它们，完成今天的工作，产生明天的新希望，找到生活的意义。他这五十多年就是这样度过的，如果他没有任何不安，说不定就没有今天的他和今天的松下了。

松下幸之助的一番心里话也许能让每一个员工领悟出其中的真谛。那么，什么是忧患意识呢？请看美国康奈尔大学做过一次有名的青蛙实验：

经过精心的策划，实验人员开始把一只青蛙冷不防地丢进煮沸的油锅里，这只反应灵敏的青蛙在千钧一发的生死关头，迅捷地跃出那即将使它葬身的滚烫油锅跳到地面上安然逃生。

半小时后，实验人员使用同样大小的铁锅，这一回在锅里放满了五分之四的冷水，然后把那只刚刚死里逃生的青蛙放到锅里，这只青蛙在水里舒服地不时地来回泅游。接着，实验人员在锅底下面用炭火慢慢将水加热。青蛙不知就里，仍然自由自在地在水里享受着"温暖的快乐"。又过了一会，青蛙有些不适应了，可是等到它开始意识到锅里的水温让自己已经熬不住了、必须奋力跳出才能活命的时候，一切为时已晚，它欲跃乏力，全身瘫软，只能呆呆躺在锅底，卧以待毙。

这个实验，仿佛总结了我们职场人的人生奋斗历程。当生活的重担压得我们喘不过气来，挫折、困难堵住了四面八方的出口时，我们往往能发挥出意想不到的潜能，杀出重围，找出一条活路、新路来；等到了功成名就、志得意满，甚至顾盼自雄的当口，反而阴沟里翻船，弄得一败涂地，不可收拾。

由此可见，险象环生的处境，对我们职场人来说未必不是好事，安逸、享乐、奢靡、挥霍的生活，则可能是需要警惕的灾祸。我们所面临的每一个困境，都可能变成一项挑战，一次机遇，一种拼搏，而不是难以自拔的陷阱。

我们在短暂的人生旅程中，也许很少会遇到青蛙进油锅的那种危急处境，我们所遇到的更多的是温水，在温水中，人们不经意间就由一个对未来充满无限憧憬的风华少年,变成了对一切都失去了热情的白发苍苍的老者,在这漫长但又快速的过程中,究竟有多少事情值得我们学习和彻悟?恐怕没有人能说得清楚,因为我们对已经发生或将要发生的事情,常常是漠然而视,视若无睹。就此而言,我们跟这只青蛙没什么本质上的不同。而且我们还有一套大道理"知足者常乐。"于是,我们就在"比上不足比下有余"的怡然自得中,被时间渐渐地消磨着生命,稀释着热情,蒸发着精力……

青蛙实验一直以来被作为激励人们居安思危的范例。这是因为,许多人心里往往缺乏一种潜在意识——忧患意识!

具体地说,忧患意识就是在国泰民安时政府官员仍日理万机地操劳;在天下太平时国防人员仍严加防守警戒;在事业成功时商人仍不停占领市场的竞争;过平常日子时寻常百姓仍要留些备用的钱……通俗点说,就是在富有的时候不要忘了自己是从贫穷中来的,如果忘了本,不重节俭,恣意挥霍,仍可能会回贫穷中去。

当然,这并不是叫你杞人忧天,在职场做一名员工,时时有一些忧患意识,能给你带来压力,让你谨慎点,这未尝不是件好事。

众所周知,日本的企业在二战之后卧薪尝胆,经过数十年的奋斗,在20世纪70年代终于有一批类似丰田、索尼、松下这样的企业在国际市场崭露头角,取得世界性的成就。当这些企业成为巨人企业以后,事实上一种几乎是很难避免的"大企业病"现象也滋生出苗头。企业活力减弱、效率减低,市场反应能力变得缓慢,员工创新意识、危机意识衰退等等。这些现象都曾经是美国的大企业经历过的问题。精明的日本人意识到这一点,他们没等这一天降临到自己头上,而是主动地从80年代初开始企业的"再造工程"。他们或者简化自己的工作流程,减少环节提高效率;或者在企业内部倡导新的创新意识和创新管理,尽一切可能降低成本;或者是重新分析世界市场,调整企业的战略规划,等等。日本人的忧患意识在这个时期体现得淋漓尽致。

小时候读《增广贤文》,里面有一句说得更为直接的话:"常将有日思无日,莫把无时当有时。"这句贤文告诫我们每一个职场员工:处在安定的环境中要有清醒的头脑,要想到自己的不足,同时要掌握各种应变技巧,未雨绸缪,做好准备,方能成为生活中的佼佼者。

珍惜自己的工作机会

在漫长的人生中，每个人的大部分时间都是在工作中度过的。可以说工作就是我们生命的舞台，工作的成败就是我们人生的成败。我们只有像珍惜生命一样珍惜自己的工作，才能把工作做得尽善尽美，才能获得人生中的最高成就。

然而，在职场中，有很多的人却无视自己所拥有的美好工作，而去追求那些表面看起来很美好，实际却很虚幻的东西，直到失去本来所拥有的工作的时候，才懊悔不已。在这些人中，有些人总是觉得自己大材小用，总是对自己的工作充满了抱怨，总是认为自己应该干更重要的工作。同时还有一些人，总是抱着一副单位需要我、工作需要我的态度，却从没有想过，这个世界根本没有哪份工作必须你来做才能完成，而是你必须要有一份工作来维持你的生活，愉快地度过你的人生。

凤凰卫视记者闾丘露薇在谈到自己之所以不惧生死、不畏劳苦、忘我工作的原因时说："我现在最要紧的事情就是有一份稳定的工作能养我的家、我的孩子，供我的房子，然后我才能想一想我自己希望过的生活。"

从闾丘露薇的话中我们不难悟出，只有有了工作，我们才有生存的基础、生活的来源，才能热爱生活。如果我们连一份工作都没有，还谈什么理想，什么价值，什么人生追求？

小镇的街上有这么一家三口，男人摆地摊修鞋，男人的女人有些智力障碍，他们有一个儿子，两岁了。每天那男人脚蹬三轮拖着妻儿和满车的工具从二十里外的乡下来到小镇街上修鞋。那女人就地坐着，在男人不远处看着从身边走过的行人，整天蓬头垢面的，怀里就地坐着和她一样黑乎乎的小子。没活时，男人就逗着儿子玩，儿子嘎嘎笑着，那女人也嘿嘿乐着。男人修好一双鞋，收到两元钱，女人接过去，跑去买来两块红薯，三口人不洗手也不剥皮美美地吃着,吃完用手把嘴巴一抹。一天就这样过去了,男人蹬着三轮车,车子上坐着妻儿,唱着地方戏赶回家。无论春夏秋冬一直如此。夏天他们没有降温的空调,冬天没有取暖的火炉,可是他们的内心却溢满了快乐、幸福。

而另一个人的命运却正好相反,同在一个小镇,她生长在首屈一指的富贵家庭,而且是唯一的女儿,父母的掌上明珠,有令人羡慕的工作。可以说要什么有什么。但她却整日满脸的愁云。后来听说她得了抑郁症自杀了。她的行为让很多人不解,其实,她缺少的就是一个好的心态,她没有真正用心去体会职场与人生,没有真正用心去做她所拥有的工作。

然而在职场上,很多人都像上个案例中的富家女儿一样,拥有一份令人羡慕的工作,但他们却身在福中不知福,不懂得珍惜自己的工作。有的人甚至把工作当成了包袱和负担,对工作抱着一种应付的态度,当一天和尚撞一天钟,得过且过。有的人尽管拥有舒适的工作环境和良好的工作平台,却没有把心思放在工作上,把精力用在岗位上,他们更多的是贪图享受,按月领取那份工资和奖金,对工作敷衍塞责,有的甚至还利用手中的职权去干一些损公利己的事。这样的人,迟早会被公司解雇或受到应有的处罚。

工作岗位是人生旅途拼搏进取的支点,是实现人生价值的基本舞台。珍惜岗位就是珍惜生命,进而提升自己的人生价值。

有人或许会说:重要的岗位容易调动人的积极性,而平凡的岗位很难让人产生敬业之情,不值得珍惜。但道理并非如此,就一个城市而言,没有人当市长是不行的;同样,没有人做清洁工也是不行的。想当市长的人很多,想扫地的人肯定不多。可是,市长只需要一个,清洁工却需要几千人,甚至几万人。即使这样,如果清洁工不认真工作,不珍惜自己的工作机会,他同样也会失去这一份工作。因为,你不珍惜你的岗位,自然就会有人来替代你。

现代社会是一个人才济济的社会,职场竞争更是残酷。每个人都希望自己能够顺利地找到一份理想的工作,但现实中很多人却事与愿违,在求职路上撞得头破血流。每个人在找工作时,可能会遇到各种障碍和麻烦。得到工作后,还可能会不愿意干甚至是放弃。很多人工作稍不如意就跳槽，人际关系不行也跳槽，看到可以多赚些钱的工作跳槽，甚至没有任何原因就跳槽。这些喜欢跳槽的人，最主要的表现是不珍惜自己的工作机会，在他们眼里，下一个工作肯定比现在的好，一切问题都能以跳槽的方式解决。这样，跳槽者的工作就是跳槽。慢慢地，他们就失去了自我，失去了以前那种积极努力的工作精神，一有困难就退缩，遇到麻烦绕开走。出现这种状况是危险的，它表明，换工作并不能解决工作中遇到的问题，因为在任何工作中都会出现困难，以这种态度对待工作，只会毁了自己的大好前途。

有一个故事，对那些动不动就跳槽的人具有启发意义：

王强是一家500强制药公司的经理，有MBA学位，在公司颇受器重，工作前途一片光明。但是就在他事业蒸蒸日上的时候，他跳槽了。

不过在新公司，"蜜月期"还没渡完，王强就陷入了困境：新工作与自己的专长毫不相关；老板对他期望过高，因而数次交给他"不可能完成的任务"；下属因为他并没有像他们预期的那样出色而对他少了尊重，一段美好的"姻缘"很快走到了尽头。

从这个故事中我们可以悟出，频繁跳槽并不能从实质上改变我们的境遇，只有改变不良的现状，才能得到别人的青睐。王强是众多的跳槽中的一个，原有的工作机会不好好把握，热衷于跳槽，最终落得竹篮打水一场空。这不禁为热衷跳槽的人和准备跳槽的人敲响了警钟：60％的跳槽者在跳槽以后产生了挫败感，认为自己的跳槽是失败的。因此，我们不妨珍惜自己的工作机会，在工作中证明自己。

那些只知抱怨而不努力工作的人，他们从不懂得珍惜自己的工作机会。他们不懂得，丰厚的物质报酬是建立在认真工作的基础上的；他们更不懂得，即使薪水微薄，也可以充分利用工作的机会提高自己的技能。他们在日复一日的抱怨中，徒随岁长，而技能没有丝毫长进。最可悲的是，抱怨者始终没有清醒地认识到一个严酷的现实：在竞争日趋激烈的今天，工作机会来之不易。不珍惜工作机会，不努力工作而只知抱怨的人，总是排在被解雇者名单的最前面，不管他们的学历是否很高，他们的能力是否能够满足基本的工作要求。

怎样珍惜、重视自己的工作机会？主要是自己要怀有一种感恩的心态。然而,人们常常为来自一个陌路人的点滴帮助而感激不尽,却无视朝夕相处的老板的种种恩惠和工作中的种种机遇。这种心态总是让他们轻视工作,并把公司、同事对自己的帮助视为理所当然,还时常牢骚满腹、抱怨不止,也就更谈不上恪守职责了。

　　每一份工作或每一个工作环境都无法尽善尽美,但每一份工作中都有许多宝贵的经验和资源,如失败的沮丧、自我成长的喜悦、温馨的工作伙伴、值得感谢的客户等等,这些都是工作成功必须学习的感受和必须具备的财富。如果你能每天怀着感恩的心情去工作,在工作中始终牢记"拥有一份工作,就要懂得感恩"的道理,你的工作就会更主动,收获也会更多。

3

时时树立危机意识

　　中国有一句古话说:"生于忧患,死于安乐。"人要有忧患意识,用现代的流行语言来说,就是要有"危机意识"。

　　一个国家如果没有危机意识,这个国家迟早会出问题;一个企业如果没有危机意识,这个企业迟早会垮掉;一个员工如果没有危机意识,这个员工也必会遭到不可测的横逆。

　　未来是不可预测的,而人也不是天天走好运的,正因为这样,我们才要有危机意识,在心理上及实际作为上有所准备,好应付突如其来的变化。如果没有准备,不懂得应变,光是心理受到的冲击就会让你手足无措。有危机意识,或许不能把问题消弭,但却可把损害降低,为自己寻求一条生路。

　　伊索寓言里有一则这样的故事:

　　　　有一只野猪对着树干磨它的獠牙。一只狐狸见到了,问它为什么不躺下来休息享乐一下，现在也没有看到猎人和猎狗。

野猪回答说："等到猎人和猎狗出现时再来磨牙就来不及了！"

这只野猪就有危机意识，它时刻想到会有猎人和猎狗来侵袭它，所以就提前做好准备工作，更何况是我们职场人呢？

在职场中，有些人总是抱怨说：未来是不可以预测的，"是福不是祸，是祸躲不过"。既然如此，我又何必要自讨没趣，给自己找那么多麻烦，不是自己折磨自己么？现在安心享乐不是更好么？这是极端错误的心态。试问：如果你没有一点危机意识的话，祸患来临时你又怎能躲得过呢？职场上这类员工总是满足于现状，不思进取，迟早会被淘汰出局。

也有一些人说："我命运好得不得了，今天不用愁明天，更不用担心什么逆境或者祸患，我是一个智者，处处能逢凶化吉。"这完全是痴人说梦，命运都是掌握在自己的手中，就算你生下来就有好命运，但命运是会转化的，如果你不好好工作，好好学习，你的所谓好命运也好不了多久。

其实，一个人不可能一生都那么好命，都那么顺利，在人生道路上必定会碰到或多或少的挫折，总会遇到各种各样的困难，既然未来是不可以预测的，那么我们就必须要有忧患意识来应对即将发生在我们周围的突如其来的变化。如果你没有这种意识，试问，你能躲得过这种变化么？

职场上每一个员工，都要学习寓言中野猪那种具有危机意识的精神，时时处处用长远的眼光来看待一切问题，做到未雨绸缪，随时把"危机"挂在心上：

工作稳定了，要多想想当初你找不到工作的时候四处流浪的那种狼狈相……

收入丰厚了，要多想想当初你身上只有几十块钱时的那种辛酸……

朋友多了，要多想想当初碰到困难没有人理你的时候……

满足现状、不思进取是缺乏危机与忧患意识的根源。沃尔玛的一位高级管理人员就曾说过："我们是世界上最大的公司，带有全世界最大的自卑情结。"沃尔玛如此强烈的危机和忧患意识贯穿于公司每时每刻的运营中，它使沃尔玛时刻保持警惕，一往无前地扩大与竞争对手的距离，保持持续增长。

所以，我们必须强化危机意识教育，每一个员工都要知道，质量就是我们的市场，就是我们的效益，只有用合格的产品质量满足消费者的需求,才有可能不断扩大市场的份额,创造出更好的效益。如果我们满足于现状,不思进取,就会被竞争对手、被市场和社会无情淘汰。

总而言之,很多东西不怕"一万",只怕"万一"。不论现在状况如何,是忧患?还是安乐?我们都必须树立一种危机意识,一种忧患意识,处处未雨绸缪,人生道路才会走得更好。

4

工作之中无小事

优秀员工都知道,能否把小事做好,能不能从细节中发现问题,这是我们对待工作态度的表现。只有把握好了每个细小环节,才能将工作做到完美,也只有注重把握每个细小环节,养成科学严谨的工作态度,才能取得辉煌工作成果。因为,工作之中无小事,小事情往往成就大事业。

其实,把每一件简单的事做好就是不简单,把每一件平凡的事做好就是不平凡!

人们都有这样的思想:只想做大事,而不愿意或者不屑于做小事。因而,想做大事的人太多,而愿意把小事用心做好的人太少。殊不知,小事做不好的人,往往做不成大事。

在你过去的工作中,有没有认认真真地做好过每一件小事?要知道,一个微小的细节也许就改变了你人生的命运。如果对待每项工作都认认真真,那么即使你处在世界上任何一个不起眼的角落,都终将脱颖而出。从小事做起更能体现一个人的品质和精神。

《现代汉语词典》对"认真"二字的解释是:"严肃对待,不马虎。"但说到容易做到难。毛主席说世界上怕就怕"认真"二字,足见"认真"的巨大威力。一件事的成功,可以有许多因素,但其中必有一条"认真"。认真做事是成功的基础。

认认真真、踏踏实实地工作正是职场中一个既简单又深奥的哲理。每一个成功人士都是认真的典范,尽量追求精确与完美是成功者的个性品质。

古希腊著名雕刻家菲狄亚斯,被委任为雅典的帕德嫩神殿制作雕像。他很认真地雕刻着这尊位于雅典山丘最高点的巨大雕像。别人对他说:"除了雕像的正面,我们什么也看不到。你何必雕刻背面也那么认真呢?"菲狄亚斯却说:"你错了,上帝看得到。"

我们做任何事情,上帝都看得到,这个上帝就是我们的良心和我们做人的品德。认真对每个人来说都是一种生活姿态,一种对自己负责任的生活姿态。对事情的认真态度反映的正是我们做人的品质,没有这种品质,很难成就一番事业。

被调往德国分公司后,杰森终于做完了他第一份策划。他认为这份策划创意精妙、切实可行,代表了自己作为高级技术人才的优秀水平。因此,他很有把握客户会满意自己的方案。

会议前,德国老板的秘书接过杰森那份整理好的策划书,看了后问到:"为什么不设置页码?"杰森觉得德国人真是古板,便轻巧地说:"不需要页码吧,我已经把顺序整理好的。"没想到,谈判失败了。秘书抱着杰森的策划书出来,把策划书放在杰森的桌上说:"戴姆勒先生希望你能在10分钟内将它们全部整理好,再交给他。"

这六份几百页的策划书乱成一堆,顺序已经被打乱了。杰森只好一张一张地看,20分钟后,他把策划书整理好,抱到了秘书室。秘书再将策划书抱给了老总。过了一会,秘书把策划书带出来放在杰森的桌上,然后说:"戴姆勒先生不小心把策划书掉在了地上,现在又乱套了,麻烦你全部整理一下,并在10分钟后交给他。记住,就10分钟。"这时,杰森开始后悔当初不标页码的失误了。要是标上页码,问题就简单了,于是他只好重新分类,当然,这回他没有再忘记在页脚位置用笔标上页码。10分钟后,他将策划书交给了秘书,秘书再次进去。又过了一会,秘书把策划书再次整整齐齐放在杰森的办公桌上,但没交代什么。

杰森认真看了策划书,很快在上面发现了几行小字,用德文写的:"杰森先生,你这次做得很好,那么,请你以后在策划书上也标上页码,因为它是一种态度!"

原来,在谈判过程中,客户不小心将杰森的策划书掉在了地上,策划书一下子凌乱不堪,看不出头绪了,因此他脸上开始不悦,说:"你们的策划书怎么连页码都没有?"气氛开始变得尴尬起来,就这样谈判失败。

再伟大的事业都是由一系列小事构成的,没有小事就没有大事。不管你是单位的领导,还是普通工作人员,每天做得最多的其实都是一些周而复始、不断重复的"小"事。但伟大的成功源于细节的积累,连小事都做不好的人,大事也一定做不好。很多"聪明"人对小事不屑一顾,经常以"大器晚成"自居,往往是眼高手低,到头来却是"一枕黄梁"。试想,刘翔的世界冠军是"一夜成名"吗?不是,那是日复一日、年复一年、摔倒了爬起来、血汗交织的光环;李嘉诚的财富是"一蹴而就"的吗?也不是,那是一个个生意的累积,夹杂着他卖塑料花时在香港大街小巷的声声吆喝……

曾经有一个人,当年刚到美国时,在纽约大学医疗中心找到了一份工作,整天负责清洗实验中心的试管和仪器。第二天上班,化验室里的两个老化验员就善意地对他说:"不要急着做事情,这里的试管和仪器是洗不完的,你洗得再多,明天照样还有一大堆要洗,可薪水是固定的,没必要太认真。"但他一向是严谨认真做每一件事情的,因此,他什么也没说,而是认真做好工作。每天上班,他都会在最短时间内把全部的试管仪器洗得干干净净的。然后,他会利用空闲时间主动向技师们学习如何操作仪器。慢慢地,他开始协助主化验室的生化大师——诺贝尔奖得主奥佐亚教授做一些研究工作。由于他工作出色,很快奥佐亚把他提升为研究助理。他也是用比别人多修一倍学分的方式,在两年内拿到了大学文凭;一年半后,他又在纽约大学取得生物化学及分子化学的硕士学位。1975年,他仅用一年时间,就获得了一般人花上三四年才能取得的博士学位。

如今,在追忆往事时,他感慨地说:"当初我要是听了那两位老化验员的话，今天我很可能还在纽约大学医疗中心洗实验管呢。"

他是谁呢？他就是国际知名的刑事侦缉专家李昌钰博士。凭着洗好每一个试管的踏实细心精神，通过自己的勤奋努力，他成了世界数一数二的刑侦专家，踏踏实实地做好每一件事，使得李昌钰有了自己的日后机遇，成就了自己的辉煌人生。

芸芸众生，能做大事的实在太少，多数人只能做一些具体的事、琐碎的事、单调的事，也许过于平淡，也许鸡毛蒜皮，但这就是工作，就是生活，是成就大事不可或缺的基础。

工作之中无小事。千里之堤，毁于蚁穴。任何一件事情，无论大小，都可能关系全局的成败。大事做不了，小事不愿做，拈轻怕重使不得。有句老话说得好："一屋不扫，何以扫天下？"

5

做事避免眼高手低

千里之行，始于足下。在职场中，优秀员工都懂得认准方向，朝着理想去努力，从小处做起，一步一步地走下去，这才是他们成功的秘诀。而那些眼高于顶的人，似乎只知道理想，却不能付诸行动，日夜看着远方辉煌的目标打发自己的青春，浪费自己的生命，到头来一事无成。

无论我们的理想有多么远大，如果不采取实际行动，便永远不可能出现所期望的结果。在面对工作的时候，我们应该拒绝空谈，脚踏实地地把工作做好，只有这样，才能做出成绩来，才能给所在的企业带来经济效益。否则，我们的理想只能在虚幻中存在。

有些人总是有很高的梦想，他们不屑于眼前的这些小事。旁人在他们眼中，也大多是一群庸庸碌碌之辈，谈不上有什么共同语言。但在最初交往时,人们往往会被他们表面的雄心壮志所迷惑,老板也会认为他们是难得的栋梁之才。而事实上,他们眼高手低,大部分时间都沉浸在自己宏伟的梦想中,长此以往,他们不能也不会做出什么成就,曾经的雄心壮志难免会变成同事们茶余饭后的玩笑。除非他们幡然悔悟,奋起直追,否则,等待他们的往往是慢慢沉沦,或者跳到其他的公司去继续发牢骚,即使这样,同样的悲剧也难免再次上演。

闻英毕业于某大学外语系,她一心想进入大型的外资企业,最后却不得不到了一家成立不到半年的小公司"栖身"。心高气傲的闻英根本没把这家小公司放在眼里,她想利用试用期"骑马找马"。

在闻英看来,这里的一切都不顺眼——不修边幅的老板,不完善的管理制度,土里土气的同事……自己梦想中的工作可完全不是这么回事。"怎么回事?""什么破公司?""整理文档?这样的小事怎么让我这个外语系的高材生做呢?""这么简单的文件必须得我翻译吗?""就一篇小报告而已,为什么自己不写要我帮忙呢?""噢,我受不了了!"

就这样,闻英天天抱怨老板和同事,双眉不展、牢骚不断,而实际的工作却常常是能拖则拖,能躲就躲,因为这些"芝麻绿豆的小事"根本就不在她思考的范围之内,她梦想中的工作应该是一言定千金的那种。呵,梦想为什么那么远呢?

试用期很快过去了,老板认真地对她说:"我们认为,你确实是个人才,但你似乎并不喜欢在我们这种小公司里工作,因此对手边的工作敷衍了事。既然如此,我们也没有理由挽留你。对不起,请另谋高就吧!"

被辞退的闻英这才清醒过来,当初自己应聘到这家公司也是费了不少力气的,而且,就眼前的就业形势,再找一份像这样的工作也很困难。初次工作就以"翻船"而告终,这让闻英万分失望与后悔,可一切都为时已晚。

优秀员工则不同,他们也有很高的梦想,但他们不会每天都深陷于幻想中难以自拔,他们会制订好切实可行的计划,从现在的工作开始做起,从一点一滴的小事做起,并毫不松懈地坚持下去。他们知道除非是他们努力把事情做成，否则什么也不会发生。就这样，他们一步步地默默努力着。终于有一天，他们晋升成为公司的骨干，所有人都不禁会大吃一惊，但仔细回想，这一切其实纯属正常，毕竟天助自助者。梦想对于他们，已经变成了活生生的现实。

当人们抱着过高的目标接触现实环境时，感到处处不如意，事事不顺心，于是就整天地抱怨。其实在做事时，你首先要做的是根据现实的环境调整自己的期望值，即使你给自己定位很高，但做起事来要现实一些。"千里之行，始于足下。"只有辛勤耕耘才会有所收获。再宏伟的梦想，也经不住只说不做；因此做事一定要脚踏实地，坚决杜绝眼高手低。

现在有很多人在工作的时候经常是眼高手低，嘴里说得很好，但就是不见行动。

有一个男青年对写作抱有极大的兴趣，期望自己能成为大文豪。面对自己远大的目标，他总是说："我要构思出最曲折离奇的情节，写出最优秀的作品。我满怀雄心地眼看着一天天过去了，一星期、一年也过去了，仍然不敢轻易下笔。"

而另一位女青年也爱好写作，她总是顽强地写作，她说："我把重点放在如何使我的才智有效地发挥上。在没有一点灵感时，我也要坐在书桌前奋笔疾书，像机器一样不停地动笔，不管写出的句子如何杂乱无章，只要手在动就好，因为手动能带动心动，会慢慢地将文思引导出来。"

五年后，男青年还在构思他伟大的作品，而那位女青年已出版了好几本书，并且获得了巨大的成功。

有人说，无知与眼高手低是导致青年人失败的主要原因。很多人内心充满了激情和理想，梦想自己有朝一日能获得梦寐以求的成功，然而真正面对平凡的生活和琐碎的工作时，他们却变得无可奈何了。他们总是把光荣与梦想挂在嘴上，却从不积极地投入到实现那些伟大计划的行动中。他们时常聚在一起滔滔不绝，高谈阔论，可一旦面对具体问题，就会不知所措，用逃避来解决问题。

在职场上，许多年轻人在求职时信誓旦旦，吹嘘自己一定能干出一番成就。然而当他们走上工作岗位需要真正大干一场时，就会对自己说："如此枯燥、单调的工作，如此毫无前途的职业，根本不值得我付出心血！"

当他们遭遇困难时,他们又会说:"这种平庸的工作,做得再好又有什么意义呢?"求职时的豪言壮语已被他们忘得一干二净,他们能做的只是用借口推卸自己的责任,掩饰自己的无能。

作为职场中的一员,每个人都应该像哥伦布一样,努力去发现自己的新大陆。沉湎于对未来的空想是没有前途的,只有行动才是最有意义的。你正在从事的职业和手边的工作,是你成功的土壤,只有将这些工作做得比别人更完美、更正确、更专注,才有可能将寻常变成非凡。

那些在事业上取得一定成就的人,无一不是实实在在干出来的。他们不比任何人更聪明,他们也没有受到上帝的庇护,他们所作的只是抛弃空谈,用实际行动解决工作中的问题,不断调整自己的心态,用恒久的努力走出困境,最终走向卓越与伟大。

6

今天不努力,明天必被淘汰

任何一个人,想要在职场上获得成功,都得付出艰苦的努力,最大程度地提高自己,这样才能将自己的工作做到最好,保证自己不被淘汰。今天不努力,明天没饭吃,这就是摆在职场上每个人面前的现实。

华为集团的总裁任正非曾说:"十年来我天天思考的都是失败,对成功视而不见,也没有什么荣誉感、自豪感,而是危机感。也许是这样才存活了十年。我们大家要一起来想,怎样才能活下去,怎样才能存活得久一些。失败这一天是一定会到来的,大家要准备迎接,这是我从不动摇的看法,这是历史的规律。"

其实,不仅仅是企业、企业家要有危机感,作为员工,更要有危机感。这种危机感的体现就在于珍惜工作,危机感强的员工,总会对工作倍加珍惜,因为他知道,如果自己不珍惜工作,不时刻保持危机感,自己的位置就有可能被别人替代，自己不珍惜工作，就会如同温水中的青蛙，面临被企业淘汰的命运。

任何一个员工，当你踏入职场的时候，都要有从最底层做起的心理准备，你只有耐得住寂寞，才能用自己的汗水与努力，浇灌出灿烂美丽的成功之花。

> 五洋大酒店是深圳的一家五星级酒店，小莉是这家酒店的工作人员，她在这家酒店的工作是清洁洗手间。刚开始的时候，她心中很是不满，感觉自己低人一等，清理洗手间这样的工作实在是太低级了。但是，通过一段时间的工作实践之后，她渐渐感觉到，工作本身是没有贵贱之分的。于是，她开始专心干起这份看似不太体面的工作来。由于她工作认真，又能一直坚持努力，她负责的卫生间整洁干净，深受客人好评。许多客人在走进洗手间的时候，都会由衷地称赞一番。
>
> 后来，小莉被酒店评为优秀员工，成为大家学习的榜样。
>
> 现在，小莉靠着自己的努力，为自己赢得了升职的机会，不久就被提拔为酒店的后勤主管。

一名优秀的员工，不但不会抱怨工作，更不会敷衍工作。他们会努力做好每一件手头的事情，将每一件工作尽自己的所能做到最好。这样的员工肯定能够得到领导的赏识和同事的认可，成为公司里不可或缺的员工。

如果我们去问所有的优秀员工："你们平日总是这么努力工作，而且一些不是自己分内的工作都争着抢着去做，到底是为了什么呀？"那么这些优秀员工一定会说："努力是本分呀。今天不努力，明天就会被淘汰，当然应当努力呀。"也许会有人觉得这样的出发点不够高尚，但事实就是如此。在这样一个竞争激烈的时代，今天工作不努力，必然导致"明天努力找工作"的结果。只有抱着不求回报、努力工作的工作态度，只有具备今天不努力，明天就淘汰的紧迫感，才能更加认真、努力、负责地对待工作，因而才能一天比一天优秀。

> 罗晶大学结业后，几次都与就业机会失之交臂。这天，他按照报纸上的信息，去了一家用人公司求职，没想到公司原定招聘8名员工，前去报名的却有好几百人。当罗晶填好了表格，耐心

列队等候公司头头面试时,有一位员工模样的人过来对他们说:"我们的老总还有一个小时才会来这里。此刻我有点急事想请大家帮忙:公司到了几车水泥,眼看天要下雨了,我一时又找不到搬运工,我想请你们义务帮忙卸一卸水泥,好吗?"大家见他也是本公司的人,就想动身去帮忙卸水泥。可是,有的人却说:"卸水泥是工人的工作,我们没必要去替他卖苦力。"如此一来,一大半人都站着不动,罗晶却和另一小部分人走出队伍,主动跟那个人去卸水泥。待水泥卸了一半多,那人又来说话了:"诸位对不起,我们的老总刚才来电话了,他说今天来不了了,真是很抱歉。"这些正在卸水泥的大学生沉不住气了,有的说:"这不是故意要我们吗?不干了!"有的说:"咱又不是他们公司的员工,让我干义务劳动,没门!"呼啦啦一下子又走了一大半。而罗晶等少量几个人却一直坚持到把水泥全部卸完。

当他们在水龙头下用手捧着水洗完了脸之后,刚才那个请他们卸水泥的人笑眯眯地对他们说:"恭喜你们,刚才是我预设的一场特殊考试,你们几个全部及格了,从此刻起,你们就是我们公司的正式职员了。"这几位通过了"特殊考试"的大学生这才明白:这位不起眼的"员工"正是他们的老总。

努力就会有回报,偷懒只会被抛弃。这不仅是现代职场竞争的逻辑,更是一直以来的社会生存法则。所以,不要总是想着我努力太多了,我的付出没有回报,我白干了。其实不论你干什么都不会白干的。当你不想着为了得到什么回报,而是自觉自愿地为工作倾尽所有热情用尽所有的努力时,成功也许就会在不经意间突然降临,这样的成功往往比那些期望得到的成功还要大,还要宏伟,还要令人意外和高兴。

有一家这样的公司,该公司业务的发展势头非常好,但公司里的一线工人并不够。所以有时候遇到客户紧急要货的情况,老板就很头疼。但公司的规模不是很大,也不能贸然去招全职工人,因为这样成本会很高,等到旺季过去了,多余的人很不好处理。有赚钱的机会,而无力扩大生产,这对经营企业来说,是很被动,也是很可惜的。

张良在这家公司负责仓库管理,并不是销售人员。虽然老板没有要求，但他自发主动地晚上一个人去车间把机器打开，尽自己的努力，多生产一些产品，第二天赶紧给客户送过去。刚开始的时候，老板并不知道张良的所作所为，但时间久了，次数多了，老板终于发现了他的举动。

知道了这件事，老板非常高兴，他觉得张良是一个肯付出而不要求回报的好员工，与那些斤斤计较的员工很不一样。今后，有什么职位上的提升或发展机会，老板都会主动来征求张良的意见，张良在他眼里的地位越来越重。一年之后，张良被老板提升为销售部经理。

工作怎么努力都不会过分，而且更重要的是，工作怎么努力，都不会白干，因为自己就在你的每一分努力里渐渐成长，因为优秀就在你每一滴的汗水里，慢慢形成。

许多不努力工作的人，在失业后才知道后悔，在继续找工作的艰难中才明白自己应该好好去工作，但为时已晚了。就这样，这些对待工作不努力的人，总是在不断的失业中后悔着。当然，他们虽然后悔，但却很少责怪自己，更多的是抱怨公司不合适，抱怨领导不地道，抱怨自己命太苦。

其实，努力工作就是成全自己，工作要有责任感、使命感，更要有危机感，压力感。努力工作的关键就是要珍惜自己的岗位，力争把自己锻炼成岗位能手。

任何人都有成为优秀员工的潜质，只要通过自己努力的工作，都能在职场上做出业绩来，成为被公司重用的人才。但是，千万不要自暴自弃，自己放弃了努力的动力。在职场上工作，一定要明白这样一个道理：努力工作的员工将命运控制在自己的手里，不努力工作的员工将命运控制在老板手里。

现在，经常可以看到有许多公司的墙壁上贴着这样的话语："今天工作不努力，明天努力找工作！"可是这些公司里的员工并没有完全领会这句话的含义，更缺乏那种紧迫感，有的员工甚至还在抱怨。其实，员工一二句抱怨也许不会对个人和公司造成太大的影响，但持续的抱怨会让人思想摇摆不定，反映到工作中便会敷衍了事；持续的抱怨还会让人思想狭隘，疏于与同事交流，这与公司团队精神格格不入。只知抱怨不努力工作，会让自己的工作停滞不前，也会影响公司的长远发展，所以，在公司进行人员调整时,只抱怨不努力的人被调整或解雇是再自然不过了。

那些只知抱怨而不努力工作的人,不懂得自己的工资是从公司领来的,不懂得丰厚的物质回报是建立在自己辛勤工作的基础上的,更不懂得即使工资微薄也可以利用工作机会提高自己的能力,以求在新的工作岗位上获取自己的应该得到的东西。抱怨、懈怠只能让自己穿梭于各公司之间寻找勉强解决温饱的工作。那些抱怨者并没有认清竞争日趋激烈的严酷现实,工作机会并不是俯拾即得,一个工作机会总有数十人甚至几百人去竞争。所以说,不要抱怨,珍惜当前机会,努力工作才是明智之举。

许多工作不顺利的人,他们所抱怨的并不是导致他们工作糟糕的主要原因。恰恰相反,这种抱怨是他们自己亲手造成的,最终又导致他们的失业,又不得不为工作四处奔波。很遗憾的是,很多人总是在失败之后才会幡然醒悟。比如,当成绩一落千丈的时候,有的人才开始痛下决心好好念书;当入不敷出的时候,有的人才肯去改变自己,做出抉择;当婚姻亮起红灯的时候,有的人才想起和伴侣之间的爱情;当失去工作的时候,有的人才懂得付出努力的重要。只有在遭遇挫折、面对失败时,人们才能学会人生最重要的课题。

企业作为一个经济实体,盈利是生存之本,为了盈利,老板们常常要解雇那些不努力的员工,同时也要吸取新的员工进来,这是每个公司都会有的一些常规的整顿工作。不管在什么时候这种优胜劣汰的现象永远都在进行之中,那些无法胜任工作的、不忠诚的人,都将会被摒弃于就业大门之外,唯独拥有一定的技能并且努力工作的人,才会被企业留下。

其实,每个人都拥有成为优秀员工的潜能,拥有被委以重任的时机。为什么一定要等到无路可走的时候,当人生的"晴天霹雳"突然将你击倒之后才懂得努力工作、勤奋拼搏的重要?真正努力工作的人懂得把命运牢牢地掌握在自己手中,不会给"晴天霹雳"击倒自己的机会。

从平凡的工作中脱颖而出,一方面由个人的才能决定,另一方面则取决于个人的进取心。这个世界总是为那些努力工作的人开绿灯。

附 录

敬业程度测试

（针对每一个题目，选出最符合你意愿的答案）

1. 不拿公司的一针一线

A. 不同意 B. 有点同意/有点不同意 C. 同意

2. 在规定的休息时间结束之后，立即返回工作场所

A. 不同意 B. 有点同意/有点不同意 C. 同意

3. 一看到别人违反规定，立即向公司领导反映

A. 不同意 B. 有点同意/有点不同意 C. 同意

4. 凡与职务有关的事情，注意保密

A. 不同意 B. 有点同意/有点不同意 C. 同意

5. 不到下班时间，不离开工作岗位

A. 不同意 B. 有点同意/有点不同意 C. 同意

6. 不采取有损于本公司声誉的行为，即使这种行为并不违反规定

A. 不同意 B. 有点同意/有点不同意 C. 同意

7. 自己有对本公司有利的意见或方法，都提出来，不管自己是否得到相应的报酬

A. 不同意 B. 有点同意/有点不同意 C. 同意

8. 不泄露对竞争者有利的信息

A. 不同意 B. 有点同意/有点不同意 C. 同意

9. 注意自己和同事们的健康

A. 不同意 B. 有点同意/有点不同意 C. 同意

10. 接受更繁重的任务和更大的任务

A. 不同意 B. 有点同意/有点不同意 C. 同意

11. 在工作以外,不做有损于本公司名誉的事情

A. 不同意 B. 有点同意/有点不同意 C. 同意

12. 只为本公司工作,不兼职其他公司的工作

A. 不同意 B. 有点同意/有点不同意 C. 同意

13. 对外界人士要说有利于本公司的话

A. 不同意 B. 有点同意/有点不同意 C. 同意

14. 在促进商业利益的团体和场合,要显得积极

A. 不同意 B. 有点同意/有点不同意 C. 同意

15. 把公司的目标放在与工作无关的个人目标之上

A. 不同意 B. 有点同意/有点不同意 C. 同意

16. 为了完成工作,在工作时间以外,自行加班加点

A. 不同意 B. 有点同意/有点不同意 C. 同意

17. 不论在工作上还是在工作以外,避免采取任何削弱本公司竞争地位的行动

A. 不同意 B. 有点同意/有点不同意 C. 同意

18. 用业余的时间研究与工作有关的信息

A. 不同意 B. 有点同意/有点不同意 C. 同意

19. 凡是支持本行业和本行业的人的行为,均投赞成票

A. 不同意 B. 有点同意/有点不同意 C. 同意

20. 为了工作绩效,要做到劳逸结合

A. 不同意 B. 有点同意/有点不同意 C. 同意

问卷答案及敬业程度类型:

敬业程度低下:不同意有 6 个以上;敬业程度中等:不同意在 3—5 个;

敬业程度上等:不同意在 1—2 个;敬业程度卓越:不同意 0 个。

职场笑话

我要涨工资

公司一同事买了个杯子，上面印着"我要涨工资"，每每开会都要把这几个字朝着老板的方向放。终于有一天，老板也买了杯子，上面写着"滚蛋"！

要不你辛苦下吧

春节将至，小李给王总发了个问候短信，片刻即收到回信。

小李心想王总还真客气，但打开一看却傻眼了。

上面写道："春节期间公司没人值班不太安全，要不你就辛苦一下吧。"

有磁力的金戒指

今天在办公室闲得没事，在玩一块磁铁。

领导看到了，伸手就来拿。

结果"嗖"的一下，磁铁吸在了领导的金戒指上面，好尴尬……

老板语录

老板挺有文采，也会总结，每次开会，都有"金玉良言"流传。这次开会后流传的是：人在职场，应该肯德基（肯下功夫，才能得到机会），还要麦当劳（埋头劳动、工作），才能必胜客（必定赢得客户）。

可以去广告部

某集团总经理训话："你整天只会撒谎、吹牛皮、没有半句实话，你说除了让你下岗还能怎么处置你？"挨训员工："那让我去广告部好了！"

面貌突出

银行经理雇用一斜眼、歪鼻、招风耳的丑八怪做出纳，众人惊。经理解释:如果他携款潜逃,我们非常容易在通缉令上写明他突出的面貌特征。

工作不是为赚钱

在同学群里,一女同学说:"我老公让我出去工作,其实不是为了赚钱。"

我们不解,她又说:"老公说我出去工作了,花钱的时间就少了。"

我真的没用

某局正在进行末位淘汰,把最没用的人辞掉。

有人问小刘:"局长问你,考核表是不是你用了?"

小刘忙跑到局长那里解释:"我没用! 我真的没用!"

又加班到七点了

一天午饭后没多久,就听到央视新闻联播的开头曲。

我噌地一下就站了起来,大叫一声:"靠! 又加班到七点了!"

紧接着看到老板从他办公室出来,提着包急匆匆地走向电梯,边走边说:"都七点了,怎么幼儿园的老师都不打电话让我去接孩子啊?"

半晌,身后有个同事小声道:"这是我的手机铃声……"